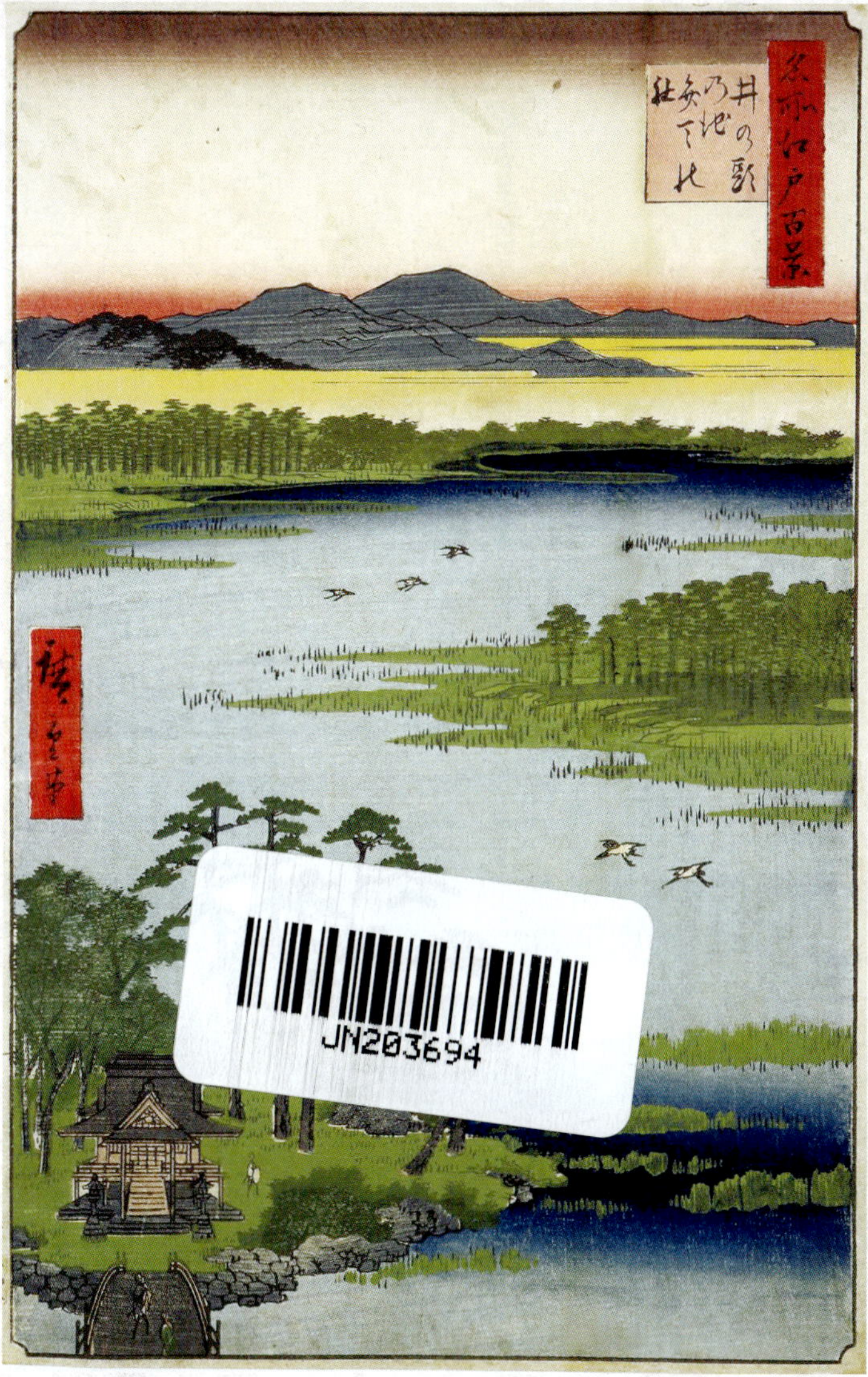

『名所《めいしょ》江戸《えど》百景《ひゃっけい》 井《い》の頭《かしら》の池弁天《いけべんてん》の社《やしろ》』(歌川広重《うたがわひろしげ》)

井の頭池は江戸の水を支え、美しい景観をつくり出した神田川の源流。武蔵野の湧水を江戸へ運び、いまも東京のまちを流れる。

(国立国会図書館 所蔵)

江戸城の姿が読み取れる。（松江歴史館 所蔵）

『江戸始図《えどはじめず》』

江戸初期の江戸城と大名屋敷を描いた絵図。江戸城の太い線で表現されている部分が石垣、四角いのは天守と櫓である。徳川家康が創建した当時の

再現《さいげん》された中川船番所《なかがわふなばんしょ》のジオラマ

いまも流れている小名木川は途中、中川が合流する。それだけに往来する船が多く、合流点に船や積荷を改める番所があった。

(中川船番所資料館)

汐留遺跡《しおどめいせき》上水網跡《じょうすいもうあと》

汐留シオサイト(新橋)の工事現場から出土した上水樋。江戸時代には仙台藩上屋敷などが建っており、玉川上水の水がここにも配水されていた。(東京都教育委員会)

江戸の「水路」でたどる！

水の都　東京の歴史散歩

中江克己

青春新書
INTELLIGENCE

はじめに

いま東京の川や運河などでは、水上バスや遊覧船など船便の利用が活発になってきた。すでに十数年前からはじまっているが、隅田《すみだ》川や神田《かんだ》川、日本橋《にほんばし》川などを船でめぐったり、江戸の面影にふれるツアーなどのほか、宅配便も船を利用するようになった。

さらに東京オリンピック、パラリンピックを見すえてウォーターフロントの再開発が進んでいるし、その一方、来日する外国人を羽田《はねだ》から船に乗せ、東京湾岸の名所を見物させながら浅草《あさくさ》へ、という船便の企画も進んでいる。むろん、定期航路も十コースほどが稼動中だ。さらに、季節ごとに変化する川をさかのぼるクルーズ、船内で食事をしながら景色を楽しむクルーズなど、さまざまだ。

すでに隅田川、神田川、目黒《めぐろ》川などに簡便な船着場がある。災害時の緊急用のものがほとんどだが、これを本格的な船着場として整備する計画もあるようだ。要するに東京の川や水上交通が注目されているのである。

ここ二、三年でさらに大きく変化すると思われるが、その第一歩は江戸初期、徳川家康《とくがわいえやす》によってはじまった。

江戸は水の都として大きく発展したが、最初から水の都だったわけではない。家康が入国して以来、江戸城の城下に多くの堀割《ほりわり》を造り、日比谷入江《ひびやいりえ》を埋め立てるなどして、水路の整備や住宅地の開発を進めた。

日比谷入江の跡には、いまの地名でいえば、新橋《しんばし》、内幸町《うちさいわいちょう》、日比谷公園、霞《かすみ》が関《せき》、皇居外苑《こうきょがいえん》（皇居前広場）、大手町《おおてまち》あたり一帯である。いいかえれば、この地域はまだ海の底だった。

やがて、江戸のウォーターフロントが拡大され、船を中心とした交通網がつくられていった。全国の産地と江戸を結ぶ水運システムができた。荷を陸揚げするための河岸《かし》がつくられる一方、渡し場が整備され、定期便などのステーションの役割を果たす。

家康は戦国色を払拭《ふっしょく》し、江戸を水の都へと発展させる基礎を築いたのだ。当然ながら江戸の川や運河、堀などには、さまざまな用途に応じた船が登場した。船宿も増えてくる。

船宿は当初、船で物資を運送する行商のことだったが、やがて乗船員のための宿屋となり、その後は宴会などにも利用された。

家康によって江戸の川や運河、堀が築かれ、水上交通が物流の主役となり、江戸を大きく発展させた。

本書では江戸の川や水上交通、飲料水を確保するための玉川上水《たまがわじょうすい》など、水に関わる興味深いエピソードをまとめた。いま変化しつつあるウォーターフロントや水上交通も、そのルーツをさぐれば江戸時代の水路整備にはじまることが理解できると思う。

現在の水路を歩く楽しみには、風景の変化もさることながら、江戸の歴史を振り返ってみる、という楽しみも味わっていただきたいものだ。

中江克己

『東京の川と水路を歩く』（実業之日本社）をもとに作成

東京のおもな川と橋

江東区内部河川（拡大図）　は、親水公園および暗渠

江戸の「水路」でたどる！ 水の都 東京の歴史散歩◆目次

写真提供／国立国会図書館、松江歴史館、東京都教育委員会、
東京都水道歴史館、文京ふるさと歴史館、中川船
番所資料館、フォトライブラリー
図版・DTP／ハッシイ

第一章

神田川と江戸城外濠

第一章

神田川がつくった御茶ノ水渓谷

●台地を開削した渓谷美

ＪＲ御茶ノ水《おちゃのみず》駅のそばを神田川《かんだ》が流れている。神田川の両岸は切り立ったように高い。都心にあって不思議な光景だが、はじめから神田川がここを流れていたわけではなかった。

神田川の北方は湯島台《ゆしまだい》（文京区湯島、本郷《ほんごう》）であり、もともとは本郷台地という一つの台地だった。元和二年（一六一六）、神田川を通すため、本郷台地の南端部分を開削《かいさく》し、平川《ひら》の流れをここに通し、隅田川《すみだ》へ流し込むようにしたのである。この水路は、平川放水路だが、上流の平川は流路が変更されて江戸川《えど》と称していた。

江戸川は平川放水路と結びつく。さらに下流部分では神田川と呼ばれるが、その一方、旧石神井川《しゃくじい》が流路を移動して神田川と合流、隅田川へ注ぐことになった。

いまＪＲお茶ノ水駅から眺めると、神田川がはるか下を流れているのがわかるが、そのように流路を移動したとか、合流したといった川の歴史はわからない。両岸が切り立っているのは、台地を開削した痕跡《こんせき》である。

本郷台地の南端は神田山といわれていたので、開削して通した川は「神田川」と呼ばれた。この結果、神田山は二つに切り離されたが、南側の台地を駿河台《するがだい》、北の台地を湯島台と称するようになった。

その後、神田川内（南側）にあった町が、火災などのため、代地として北側へ移って、新しい町を開いた。そこで、南側の町を「内神田《うちかんだ》」といい、北側にできた新しい町を「外《そと》神田《かんだ》」と俗称した。

江戸城の北側を川が流れ、さまざまな水辺の景観をつくりながら隅田川へ流れ込んでいた。神田川がその一つだが、当初、上水《じょうすい》として開削されたので神田上水と称した。

源流は江戸西郊の井《い》の頭《かしら》池（武蔵野《むさしの》市・三鷹《みたか》市）だが、この湧き水はいまも健在だ。清涼感があって心が和《なご》む、と訪れる人が多い。

江戸時代から「井の頭池」と称されてきたが、由来についてはつぎのような話が伝えられている。

寛永二年（一六二五）、三代将軍徳川家光《とくがわいえみつ》が鷹狩《たかが》りにやってきたとき、供《とも》の者がきれいな湧き水で茶を淹《い》れ、差し出した。これを飲んだ家光は池の水をほめ、「これからは井の頭池というがよい」と告げた。それ以来、「井の頭池」と称するようになったという。

神田川は、源流の井の頭池からはじまり、うねり曲がりながら武蔵野の台地を東へと流れていく。途中、和田《わだ》（杉並区和田一）で善福寺池《ぜんぷくじ》（杉並区善福寺三）から流れる善福寺川と合流する。

さらに、中野《なかの》を経て落合《おちあい》（新宿区下落合一）で妙正寺池《みょうしょうじ》（杉並区清水三）から流れ出す妙正寺川（井草川《いぐさ》）と合流し、東へ向かう。

落合という地名は、神田川と妙正寺川と二つの川が落ち合うところにちなむ。落合は螢《ほたる》の名所で、季節になると星かと見紛うほどの螢が乱舞した。清流だったのだろう。螢狩りを楽しむ人が多かった。

神田川の途中、関口《せきぐち》に大洗堰《おおあらいぜき》（文京区関口二）を設け、水の流れを神田上水と江戸川（神田川）とに分けていた。

神田川は流域が長大なだけに変化に富み、さまざまな表情を見せた。いまは直線的に流れる部分が多いが、江戸時代には極端に曲がりくねって激流になったり、氾濫《はんらん》する暴れ川でもあった。

『名所江戸百景 井の頭の池弁天の社』（歌川広重）

（国立国会図書館 所蔵）

第一章

大洗堰で二つの水流に分ける

●神田川は暴れ川だった

神田川はあちこちで氾濫したと伝えられるが、とくに現在のＪＲ高田馬場《たかだのばば》駅の北側から大洗堰のあたりまで、激しく蛇行《だこう》していた。いまの流れは改修工事が行なわれたこともあって、部分的にゆるやかな曲線を描いているものの、ほとんどは直線的といっていい。

ところが、江戸時代の流れはちがっていた。現在の東京区分図を見ると、すぐわかるが、新宿区、豊島区、文京区の境界線がくねくねと曲がっている。神田川がこの境界線のように蛇行していた証拠だという。

神田川（神田上水）は江戸時代、農村地帯をゆったりと、地域によっては激しく蛇行しながら流れていた。やがて川の水は、関口の大洗堰（文京区関口二）に至る。

この大洗堰は、神田川の流れを一時的に塞《せ》き止め、二つの水流に分けるための施設だった。一つは水位を上げてから神田上水として取り入れ、江戸市中に給水。残りの水は、

関口大洗堰（昭和初期）

（文京ふるさと歴史館 所蔵）

余水《あまりみず》として江戸川へ流した。

水流の名称は、少しわかりにくいかもしれない。いまは源流の井の頭池から隅田川へそそぎ込むところまで、全体を通して神田川と呼んでいる。

ところが、江戸時代には大洗堰が設置されていたあたりから上流を「神田上水」と称した。むろん、いまは大洗堰は存在しないが、近くの江戸川公園に「神田上水大洗堰跡碑」が立っている。大洗堰がないので、現在は昭和になってから神田川に架けられた大滝《おおたき》橋を、その境とするのが一般的だ。

大洗堰から下流、船河原《ふなかわら》橋（新宿区市谷船河原町）あたりまでを「江戸川」と称していた。そこからさらに下流は「平川」である。もっともその後、「神田川」と称するようになったが、一時は神田上水と神田川の二つの流れがあった。

神田上水は、徳川家康《いえやす》に命じられた大久保忠行《おおくぼただゆき》がつくったもので、江戸で最初に整備された上水だった。

もともと江戸は、海に面した低湿地だから、掘った井戸水には塩分が多く、飲み水に適さない。川にしても満潮時には影響を受け、塩気を含む。飲み水だけでなく、灌漑《かんがい》用水としても真水《まみず》をさがし出さなければならない、という状況だったのである。

大久保忠行は、家康が江戸に入る前に江戸の水事情を調査。まず、小石川《こいしかわ》上水を開削した。これは高田川の流れを小石川あたりまで延長したものだという。

小石川は広い地域を指す地名で、室町時代には「小石河」と記されていた。このあたりに小石の多い小川が幾筋も流れていたため、「小石川」の地名が生じたとされる。その後、江戸の城下町が形づくられ、江戸城の拡張工事も進んだが、一方では江戸の人口が増えていく。それとともに不足気味となった飲料水対策として、寛永年間（一六二四〜四三）には小石川上水を拡張、整備し、名称も神田上水と改めた。

●船で桜見物を楽しむ

源流の井の頭池から、大洗堰を築いた関口村（文京区関口一〜二）までは約五里（約二十キロ）。この関口という地名は、大洗堰にちなむ。つまり「堰口《せきぐち》」だったわけである。

大洗堰の北方にある目白《めじろ》坂（文京区音羽《おとわ》一、関口二）の坂上に立つと、麓《ふもと》に堰口の流れが見えたし、遠くに早稲田《わせだ》の村や高田の森林を望むことができた。坂上には新長谷寺《しんちょうこくじ》があるが、境内《けいだい》には行楽客相手の料理屋が多かった。風光明媚《ふうこうめいび》の地だから訪れる人も多かったのだろう。

大洗堰の上流には、松尾芭蕉《まつおばしょう》の住居があった。本名を松尾甚七郎宗房《じんしちろうむねふさ》というが、延宝五年（一六七七）、三十歳のとき、江戸へ出てきた。それ以来、延宝八年（一六八〇）、深川の万年《まんねん》橋近くに移るまで住んでいた。神田上水の改修工事で事務をつとめていた、といわれる。

ところで、大洗堰の下流あたりは、江戸時代から明治にかけて桜の名所として知られ、船が出るほどだった。いまでも江戸川公園には、春になると桜が咲き、多くの人びとが見物に訪れる。

先に大洗堰から船河原橋あたりまでの流れを「江戸川」と称していた、と記したが、「船河原」というのも気になる地名だ。

一説によると、むかし市ヶ谷《いちや》に大きな池があって、そこから川が流れていた。下流に河原が広がり、船が引き揚げられていたため、「船河原」の地名が生じた。

神田上水は、大洗堰の北側にある目白台地の崖下を開削し、水を流した。

一方、余水は堰から下へ落ち、江戸川（神田川）へ流れ込む。落ちる水の勢いや音は、まるで滝のようだった。堰近くの大滝橋は、それにちなんで名づけられたという。

神田上水の流れは、水戸《みと》徳川家上屋敷（文京区後楽《こうらく》二、跡地は小石川後楽園）に入る。

後楽園は、それまでの地形を変えたり、古木なども伐採せず、自然を生かして造園された。年月を経ると、地形を生かしながら、繁茂《はんも》しすぎた樹木を伐採するなど森林に手を加えた。

神田上水は、飲料水など屋敷で使う生活用水のほか、庭園にも使った。庭園中央部には、はじめから沼があったが、これを拡張して大きな池にした。それにもともと起伏に富んだ地形で、谷や山があった。

深山幽谷《しんざんゆうこく》を楽しむため、水辺には茶屋《ちゃや》を設けてある。中央の池の岸辺には松原が広がっていて、空が見えないほどだったという。全体的には起伏の豊かな回遊式林泉《かいゆうしきりんせん》公園で、いまは国の特別史跡と特別名勝に指定されている。

第一章

神田川の上を通る神田上水

●水道橋は上水を流す橋

神田上水の流れは、水戸屋敷を経て、江戸市中へ向かう。しかし、このままの流れでは、神田上水が江戸城外濠として流れる神田川にぶつかることになる。

これを回避するため、神田上水が水戸屋敷の東側から出る地点で暗渠《あんきょ》とした。地下に石《いし》樋《どい》を埋めて、神田川沿岸近くまで流すようにした。そこから先は、神田川に橋を架け、その上に木製の懸樋《かけひ》を乗せて、神田上水を対岸に渡したのである。これが「水道橋《すいどうばし》」と称された。

『江戸名所図会《えどめいしょずえ》』に「御茶ノ水 水道橋」と題する絵がのっている。絵には神田川の流れと、二つの橋が描かれている。手前には直線状の橋があるが、これは人が通行する橋ではない。神田上水を流す懸樋である。神田川を渡るため、高架で頑丈につくられているようだ。その向こう、上流に描かれている反《そ》り橋は「水道橋」といい、人が渡るためのものだった。

神田川には客や荷物を乗せた舟がゆっくりと航行中だ。右手の岸はゴツゴツとした岩と石垣、左側は崖なのだろうか。

さまざまな樹木が枝をのばし、水面近くに垂《た》れているものもある。なにやら深山の渓谷《けいこく》を思わせる。紅葉や月見の名所でもあったらしい。

水道橋と称する橋は、下流に神田上水の懸樋が並行して架けられていたことにちなむ。幕府が編纂《へんさん》した江戸府内の地誌『御府内備考《ごふないびこう》』によると、もともとこのあたりは名水の湧く井戸があり、江戸初期、将軍のお茶に供したことから「お茶ノ水」の名が生じたという。

現在、ＪＲお茶ノ水駅（千代田区神田駿河台二、四）の南側に神田駿河台という地名が広がっている。しかし、もともとは神田山と称した。山といっても本郷台地の南端部分にすぎない。

慶長八年（一六〇三）、家康は江戸に幕府を開いたが、同じころ、市街地の造成をはじめた。神田山を切り崩して、日比谷入江《ひびやいりえ》を埋め立てたが、いまの地名でいうと、そこにできたのが日比谷公園や皇居外苑、霞が関《かすみせき》、新橋《しんばし》、浜松町《はままつちょう》などだった。

復元された神田上水石樋

（東京都水道歴史館）

家康が入国したころ、駿河台という名称はなく、神田山という台地で本郷台地につづいていた。

その後、元和二年（一六一六）、家康が駿《すん》府《ぷ》城（静岡県）で死去すると、家康に仕えていた家臣の多くは江戸へ戻ってくる。幕府は、低くなった神田山に屋敷をあたえ、駿河台と名づけた。「駿河衆が住む台」という意味である。

●地震からの復興と湯島聖堂

鯉幟《こいのぼり》を立てる習慣は江戸中期にはじまったが、わが国独自のものだ。水中の鯉を大空に泳がせるとは、奇想天外な発想だが、これは豊かな町民が武家の吹流《ふきなが》しに対抗して勢いのよい鯉をかたどった鯉幟を考案したのだという。それとともに吹貫《ふきぬき》も立てた。

武家の吹流しは、戦陣に使った旗の一種である。半月形の枠に長い絹を幾条《いくじょう》も取りつけ、これを長い竿《さお》の先端に結びつけて風になびかせる。吹貫は枠を円形にしたものだった。

じつは安政二年（一八五五）十月二日、荒《あら》川河口を震源とする直下型の大地震が江戸を襲い、市中の大半が被災した。死者七千人余、重傷者二千人余、倒壊家屋一万四千戸だが、実際にはもっと多い、という説もある。

小石川の水戸徳川家では、藤田東湖《ふじたとうこ》、戸田蓬軒《とだほうけん》が倒壊した屋敷の下敷きとなって死亡した。大きな被害を克明に伝えようと、数百種類のかわら版が出版されたほど。その直後には、鯰絵《なまずえ》が大流行した。当時、地震は地底の鯰があばれて起こると考えられていたことから、その鯰を人びとが押さえつける、といった絵が多かった。そうした一方、復興を願って、盛んに鯉幟が立てられた。

神田川といえば、御茶ノ水の聖《ひじり》橋隣に昌平《しょうへい》橋（千代田区神田淡路町二～外神田一）がある。江戸時代の橋は、いまとは異なり、木造の橋（左の絵。手前右下に手すりが描かれている）だが、神田川は神田山を切り崩し、深く掘って谷間をつくった。そのため、景勝の地として知られ、訪れる行楽客が多かった。

『名所江戸百景 昌平橋聖堂神田川』（歌川広重）

（国立国会図書館 所蔵）

北側の崖には急坂があり、人びとはその坂を登って湯島聖堂《ゆしませいどう》（文京区湯島一）をめざす。聖堂は、孔子《こうし》とその弟子を祀《まつ》った堂だが、この境内には幕府の学問所である「昌平黌《しょうへいこう》」があった。

学頭の林大学頭《はやしだいがくのかみ》が旗本《はたもと》や御家人《ごけにん》の子弟を教育したのである。寛政十一年（一七九九）、昌平坂学問所と称するようになった。

昌平橋は、古くは相生橋《あいおい》と呼ばれていた。しかし、元禄四年（一六九一）、昌平橋と定められた。

聖堂へ学問をするために渡る橋ということで、孔子の故郷である昌平にあやかり、名づけられたという。

明治になって相生橋に戻ったが、明治六年（一八七三）六月、神田川が氾濫し、この橋を押し流してしまった。神田川は、暴れ川だったようだ。

ふたたび橋が架けられたのは明治三十三年（一九〇〇）のことだが、このとき、昌平橋と称して以来、変わっていない。

第一章

神田川の名所「八ツ小路」

●主要道路が集まった名所

昌平橋の南詰には、「八《や》ツ小路《こうじ》」という広小路《ひろこうじ》がある。広小路というのは火除《ひよ》け地《ち》ともいい、道幅の広い街路である。いまの感覚では、広場といってもいい。

昌平橋の南詰に八ツ小路があるのは、昌平橋のすぐ東に筋違門《すじかいもん》が設けられ、神田川に筋違橋（千代田区神田須田《すだ》町一）が架けられていたからだ。これは江戸城の外郭門の一つで、日本橋や神田から上野《うえの》方面に通じる重要な門であり、橋であった。現在の万世《まんせい》橋の少し下流にあったという。

八ツ小路は通称地名で、ほかに「八つ辻《つじ》」とか、「八つ辻が原」などとも呼ばれた。地名の由来は、八つの通行口があったことによる。一つは西の昌平橋へ、二つは西南の芋《いも》洗《あらい》坂（淡路坂）へ、三つは駿河台へ、四つは三河《みかわ》町へ、五つは連雀《れんじゃく》町へ、六つは須田町へ、七つは神田川に沿って東の柳原土手《やなぎはらどて》へ、八つは筋違門へ、というわけである。

主要道路が一か所に八本も集まっている珍しさから江戸名所の一つとされていた。筋違橋は、神田川に直角ではなく、斜めに架かっていた。そのため「筋違」の名が生じたという。

八ツ小路の北側には神田川南側の土手がある。神田川の向こうに湯島聖堂があり、うっそうとした森にかこまれた神田明神《かんだみょうじん》も近い。

神田川の沿岸で、庶民に親しまれているのは柳原土手だった。この土手は万治二年（一六五九）、神田川の掘削工事をしたときの残土を南岸に積み上げ、築いたものだ。その後、土留めのために柳を植えたところ、やがて土手の上に通路ができ、人びとが往来するようになった。享保年間（一七一六〜三五）には、柳の木が七百本もあったという。

柳の土手は、筋違門のあたりから浅草《あさくさ》御門（中央区日本橋馬喰町《ばくろちょう》二）あたりまでつづいていた。人びとは、いつしか「柳原土手」と呼んだ。

やがて仮設の店が集まってきたが、ほとんどが古着や古物を商う店で、客を目当てに食べ物の屋台が出るほどだった。柳の土手からは神田川が見えたし、古着の見世《みせ》をひやかしたあと、屋台の蕎麦《そば》を食べる、という楽しみもあった。

第一章

四季の変化を見せる江戸城の外濠

●「の」の字で発展した外濠

江戸城は外濠、内濠に囲まれていたから、江戸城の周辺は水の流れが豊かで、合戦がなければ森や林、丘、谷など自然が広がる静かな地域だった。城下町や川向こう（深川《ふかがわ》、本所《ほんじょ》など）の川や堀とは、同じ水辺といってもかなりちがっていた。

むろん江戸城に出勤する大名や旗本がいる。そうした役人以外でも、式日《しきじつ》などに江戸城本丸や西の丸へ登城し、将軍に謁見《えっけん》することになっていたから、そうした場合は混雑した。

外濠のなかで代表的なのは、いまでもJR中央線と並行して流れる神田川である。これをさかのぼると、牛込《うしごめ》、市谷《いちがや》、四谷《よつや》、赤坂《あかさか》など、江戸城を囲むように造られていた。さらに溜池《ためいけ》につながり、虎ノ門《とらもん》、幸橋《さいわいばし》へ至る。

幸橋から二筋に分かれる。一筋は北へ向かって数寄屋《すきや》橋、鍛冶《かじ》橋、常盤《ときわ》橋、神田橋と流れがつづく。そのあと一ツ《ひと》橋、雉子《きじ》橋あたりまでだ。

もう一筋は、幸橋から芝口《しばぐち》（港区新橋一、東新橋一）、海沿いの浜御殿《はまごてん》（現在の浜離宮《はまりきゅう》庭園）へ延びていた。

いまでもJR中央線御茶ノ水駅では、外濠だった神田川の流れや、古くて歴史を感じさせる石垣を見ることができる。これが江戸城外濠の一部だったとは、信じがたい。そのような思いを抱く人もいるのではないだろうか。

御茶ノ水駅から西へ三つ目は市ヶ谷駅だが、この付近には外濠を利用した釣堀があるし、四ツ谷駅手前には、外濠を埋め立てた外濠公園がある。

また、四ツ谷駅のホームからは、上智《じょうち》大学のグラウンドが見える。すり鉢状に低くなっているが、これも江戸城の外濠だった真田濠《さなだぼり》の跡だ。

電車が新宿方面へ進むと、左側には高い堤《つつみ》がつづく。これは江戸城外郭の土塁《どるい》跡で、水の流れはないものの、松や桜など四季の景観が美しい。

なお、JR東京駅八重洲《やえす》口の前を南北に「外堀通り」が延びているが、これは太平洋戦争中、度重なる空襲で東京は瓦礫《がれき》となった。この瓦礫を処理するため、外濠を埋めて大通りを造ったのである。

江戸城は広い。周囲は城の中心となる内郭でも約二里《り》（約八キロ）、外郭になると約四

真田濠からみた迎賓館

（国立国会図書館 所蔵）

里（約十六キロ）におよぶ。完成までに家康、秀忠《ひでただ》、家光と、四十年もの歳月を要したが、なかでも時間と労働力を要したのは内濠と外濠を掘り、石垣を組み上げる工事だった。

内濠の石垣は慶長十一年（一六〇六）、江戸城北側の雉子橋（千代田区一ツ橋）から西南の溜池落口《ためいけおちぐち》（港区赤坂二）までが築造された。

これで江戸城の東から西へかけてできあがったことになる。

その後、先に述べたように元和二年（一六一六）、本郷台地の南、神田山を開削し、平川の水を流す工事を行なった。この掘割が神田川といわれ、外濠の一部として組み込まれたのである。

さらに寛永十二年（一六三六）には、江戸城南西の麹町《こうじ》台地を開削し、飯田橋から四谷、赤坂、溜池までの外濠をつくりあげた。

江戸城外濠は、上空から見ると「の」の字状をしている。このような形状で掘り進められ、石垣が築かれていくのとともに、江戸の市街地も拡大し、発展していった。

よく見ればわかるように、溜池の西側はゆるやかなカーブを描きながら四谷、牛込、浅草橋を経て隅田川へ結びつく。

一方、溜池から東側の外濠は直線的に構成されている。それは幕府の関連施設、諸大名の屋敷を集中させたためだ。さらに外側には町人地や寺社地も広がっている。こうして江戸は世界一の都市になった。

●大手門前の登城風景

江戸城本丸への正門は、大手門《おおて》（千代田区千代田）だが、現在、皇居東御苑への入口として利用されている。

大手門の北側は内濠の大手濠、南側は桔梗濠《ききょうぼり》だ。桔梗濠の先には桔梗門（内桜田門《うちさくらだ》）もある。

桔梗濠と桔梗門

(国立国会図書館 所蔵)

この門も本丸の登城口だった。桔梗は太田《おおた》道灌《どうかん》の紋所《もんどころ》で、江戸城の屋根瓦に桔梗紋が入っていた。門や濠の桔梗という名称は、それにちなむという。

大名が江戸城へ登城する日など、多くの大名行列が門前でかちあい、たいへんな混雑となった。そんなときは「黒鍬《くろくわ》の者《もの》」という城内の警備などを担当する役人が出てきて、行列の交通整理にあたった。

また、大名が入城する順番を決めたりしたとも伝えられる。

江戸城中で行事のある日は、大名たちは供回りの服装を整えさせ、登城してくる。しかし、城内に入ることのできる人数は、きわめて少ない。供回りの大部分は大手門外の下馬《げば》先（下馬すべき場所。下馬札を掲げてあった）あたりで、主君が退出してくるのを待ちつづけた。

大手門周辺、濠のあたりとかに、茣蓙《ござ》を何枚も敷き詰めてすわり、待った。寒い日もあれば、暑い日もある。そのなかで何時間もじっと待っているのは、辛いことだった。江戸城の濠端には、そのような光景が展開されることもあったのだ。

大手門は明暦三年（一六五七）の大火で焼失したが、翌年、再建されている。渡《わた》り櫓《やぐら》は太平洋戦争のとき、空襲をうけて全焼したものの、戦後の昭和四十二年（一九六七）、復元された。

高麗《こうらい》門や石垣が残っているので、江戸城の面影にふれることができる。濠の水に映《は》えて風情を感じる人は多い。

第一章

丸の内に整備された大名屋敷

●築城の資材を運び込む八重洲河岸

いまの丸《まる》の内《うち》（千代田区丸の内一～三）は、ビジネス街からファッションやグルメの街へと変貌したため、多くの人びとが訪れ、新しい賑《にぎ》わいが生まれた。

西へ進むと馬場先濠《ばばさきぼり》だが、これはもともと江戸城の内濠の一つで、当時から変わりゆく街の姿を眺めてきた。濠の向こうは皇居外苑である。丸の内側から馬場先濠の眺めを見て、気持ちが和む、という人は多い。ゆったりとした濠の水と緑の木々の効用だろう。

濠の東岸はビル街だが、江戸時代には「八重洲河岸《やえすがし》」と呼ばれていた。家康によって江戸に幕府が開かれたころ、このあたりが海岸線だったのである。埋め立てが進み、八重洲河岸ができたが、これは江戸城築城の資材などを運び込む重要な河岸とされていた。

その後、あたり一帯が整備され、幕府評定所《ばくふひょうじょうしょ》、伝奏屋敷《でんそうやしき》のほか、多くの大名屋敷がつくられた。この地域は「大名小路《だいみょうこうじ》」と称したが、小さな路というわけではない。

大名小路の西側は西の丸下なので、あたり一帯は「西丸下」と呼ばれた。馬場先濠は、江戸庶民に関わりがなく、いわば江戸城の軍事施設だったのである。

ところで、馬場先濠には、ちょうど江戸城西の丸の真正面に位置する恰好《かっこう》で、馬場先門（千代田区皇居外苑）と橋が設けられていた。現在、門はないが、橋は立派なものが架けられている。

なぜ「馬場先」なのか、不思議に思われるが、じつは門内に、濠に沿うかたちで南北に細長い馬場がつくられていた。寛永十二年（一六三五）、三代将軍家光はその馬場で披露された朝鮮通信使《ちょうせんつうしんし》の曲馬《きょくば》を見物した。

これをきっかけに「朝鮮馬場」と名づけられ、のちにそれを略して「馬場先」と称するようになったのである。

いずれにしてもこのあたりは、江戸の人びとが内濠の風情《ふぜい》を楽しみにくるような場所ではなかった。

江戸時代の八重洲河岸あたり、いまはお濠端に明治生命館（千代田区丸の内二）とか、三菱商事ビル（丸の内二）などが立ち並ぶ。明治生命館は岡田信一郎の設計によって、昭和九年（一九三四）に建てられた。古典主義様式の最高傑作であり、国の重要文化財に指定されている。

「八重洲」という河岸の名は、オランダ船リーフデ号で来日したヤン・ヨーステンの名にちなむ。

慶長五年（一六〇〇）三月十六日というから、関《せき》ヶ原《はら》合戦の半年前のことである。ヤン・ヨーステンは、ウイリアム・アダムス（三浦按針《みうらあんじん》）とともに東洋をめざして航海中、船が悪天候に翻弄《ほんろう》され、豊後国《ぶんごのくに》佐志生《さしう》（大分県臼杵《うすき》市）に漂着した。

その後、江戸に幕府を開いた家康は、この二人を顧問として厚遇。ヤン・ヨーステンは馬場先濠の東岸に屋敷をあたえられ、家康に国際情勢を説き、外国貿易で巨利を得るなど資金づくりを指南したという。

しかし、その後、シャム（タイ）、コーチ（ベトナム北部）などとの貿易に従事していたが、元和九年（一六二三）、東シナ海で難破し、死亡した。

ついでにウイリアム・アダムスも紹介しておくと、航海技術者として厚遇され、相模国《さがみのくに》三浦郡逸見《いつみ》村（神奈川県三浦市）に二百五十石の所領を賜《たま》わった。同時に三浦按針を名乗っている。

碧眼《へきがん》の旗本として、家康の近くで仕えた。江戸の屋敷は日本橋の北詰東側に拝領したが、そのあたり一帯に按針町（中央区日本橋本町二）ができた。政治顧問として活躍したが、元和六年（一六二〇）、平戸《ひらど》で病没した。

やがて世の中が落ち着いてくると、八重洲河岸もかつてのように盛んに荷揚げされる光景も少なくなっていた。かわりに諸大名の屋敷が建設されたが、なかには幕府儒官《じゅかん》、林大学頭の上屋敷（千代田区丸の内二）もつくられた。

近くには、やはり濠に面して八重洲河岸定火消《じょうびけし》の組屋敷（丸の内一）があった。定火消は幕府直属の消防組織で、江戸市中の防火や警備を担当していた。

●内濠の余水を流した辰ノ口

現在、皇居外苑にある和田倉《わだくら》噴水公園（千代田区皇居外苑三）は、八・五メートルにまで水を噴き上げるダイナミックな噴水として知られている。

近くはビル街だから昼休みになると、ビジネスマンやＯＬたちが息抜きにやってくる。たしかに気持ちが安らぐし、リフレッシュの効果もありそうだ。

ここには内濠の一つ、和田倉濠があり、江戸時代には、高麗門と櫓門とで桝形《ますがた》（敵の侵入を鈍らせるための方形の地）をかまえた和田倉門があった。太平洋戦争のとき、空襲によって門は焼失したが、石垣が残っているので、桝形の姿を想像することができる。和田倉橋は木製の欄干《らんかん》など江戸の雰囲気がある。

家康が入府《にゅうふ》した当時の江戸城は、日比谷入江という海に面していた。江戸城の築城資材や塩などの諸物資を運び込むため、日比谷入江の沿岸に河岸や倉をつくった。そこから「和田倉」の地名が生じたという。

この「和田」は、すなわち「海《わた》」のことである。古くは、ここが海への玄関口だった。まもなく道三堀《どうさんぼり》が開削され、突き当たりに「辰ノ口《たつくち》」がつくられた。

江戸城内濠の余水が和田倉門外で、道三堀にそそぐ。石製の樋口《といくち》が設けられ、水は勢いよく音をたてて流れ落ちていたという。あたかも竜が水を吐く姿を思わせる、というので竜ノ口といわれ、のちに辰ノ口の文字を当てた。なかなか興味深い水の風景を眺めることができたわけである。

将軍が船で外出する際、辰ノ口の乗場から乗船し、道三堀などを経て隅田川へ出た。

辰ノ口は、現在の東京海上ビル新館（千代田区丸の内一―二）あたりにあったとされるが、江戸時代には付近一帯の通称としても「辰ノ口」が使われた。

第一章

消えた溜池から虎ノ門への水路

●溜池は外濠の一部で蓮の名所

江戸城の西南、外濠の一部に組み込まれていた溜池は、江戸初期、江戸庶民が利用する上水の貯水池としても使われていた。

上野の不忍池《しのばずのいけ》よりはるかに大きい。山王台地の西麓にあった瓢簞《ひょうたん》形の池だが、城南方面へ飲料水を供給するだけでなく、江戸城外濠としても利用された。

外濠といえば、敵の侵入を防ぐ施設だが、二代将軍秀忠は平和的な名所にしようと考えた。そこで琵琶湖《びわこ》の鮒《ふな》、淀《よど》川の鯉《こい》を取り寄せ、池に放したのである。このため、溜池は鮒や鯉の名所になった。

承応三年（一六五四）、玉川《たまがわ》上水が開通したが、それとともに溜池は上水としては使われなくなった。しかし、池の水面に茂る蓮《はす》が美しい花を咲かせたので、季節になると朝早くから多くの人びとが蓮見にやってきた。蓮飯を出す茶屋もある。蓮の葉を蒸し、細かく刻んで塩をふり、飯にまぜた素朴な食べ物だが、蓮の花を見たあとは、この蓮飯を食べるのが江戸庶民の楽しみになった。

溜池には舟の渡し場もあったというが、江戸中期には少しずつ埋め立てられ、住宅地が造成された。明治になると、さらに埋め立てが進み、明治の中ごろには消滅してしまった。いまは、溜池といってもその名は交差点やバス停、地下鉄駅などに残っているだけで、池そのものはない。

江戸時代、溜池の余水は、堰から外濠へと流れ落ちていた。流れ出す水の音が「どんどん」と響くほど激しかった。いまでは想像もつかないが、江戸城の外濠は自然の渓谷を思わせるような景観をつくり出していた。

水の流れは少し曲がって東北へ進み、まもなく虎ノ門（港区虎ノ門一）、新シ橋《あたらばし》（港区西新橋一）、幸橋門（港区新橋一）の橋の下を流れていく。

●現存する虎ノ門の石垣

いま虎ノ門（港区）といえば、高層ビルや官庁が立ち並ぶ、都心のビル街である。あたりを歩いてみても江戸の面影はないし、川の流れも見当たらない。

しかし、江戸時代には溜池（港区赤坂二〜三）からつづく外濠があって、その周辺は大名や旗本の屋敷ばかり。庶民が住む町屋はない。このあたりで町屋があるのは、新シ橋（港区西新橋一）と幸橋門外（新橋一）のあいだだった。

江戸城の外濠はその後、埋め立てられ、いまは「外堀通り」となっている。

現在も使われている「虎ノ門」の地名は、この近くにあった江戸城の虎ノ門に由来する。名称の由来は、大手門を正面として朱雀《すざく》とすれば、右の方角が白虎《びゃっこ》に当たるため、虎の名がついたという。

また、門外に日向延岡藩《ひゅうがのべおか》（宮崎県延岡市）七万石の内藤《ないとう》家上屋敷（千代田区霞が関三）があった。その庭に美しい匂桜《においざくら》が植えられており、これを「虎の尾《とらのお》」と称した。これにちなむなど、諸説がある。

虎ノ門は、明暦三年（一六五七）の大火で焼失。その後、万治二年（一六五九）、渡り櫓のある門が再建された。ところが、享保十六年（一七三一）の火事でも焼け、ふたたび築かれたときには冠木《かぶき》門になった。明治六年（一八七三）に、門は撤去されている。

いま虎ノ門付近には外濠の面影はないが、外濠の石垣は一部が文部科学省（千代田区霞が関三）の構内に保存され、だれでも見ることができる。

虎ノ門外濠の石垣（文部科学省の構内）

江戸城外濠・内濠の概略図

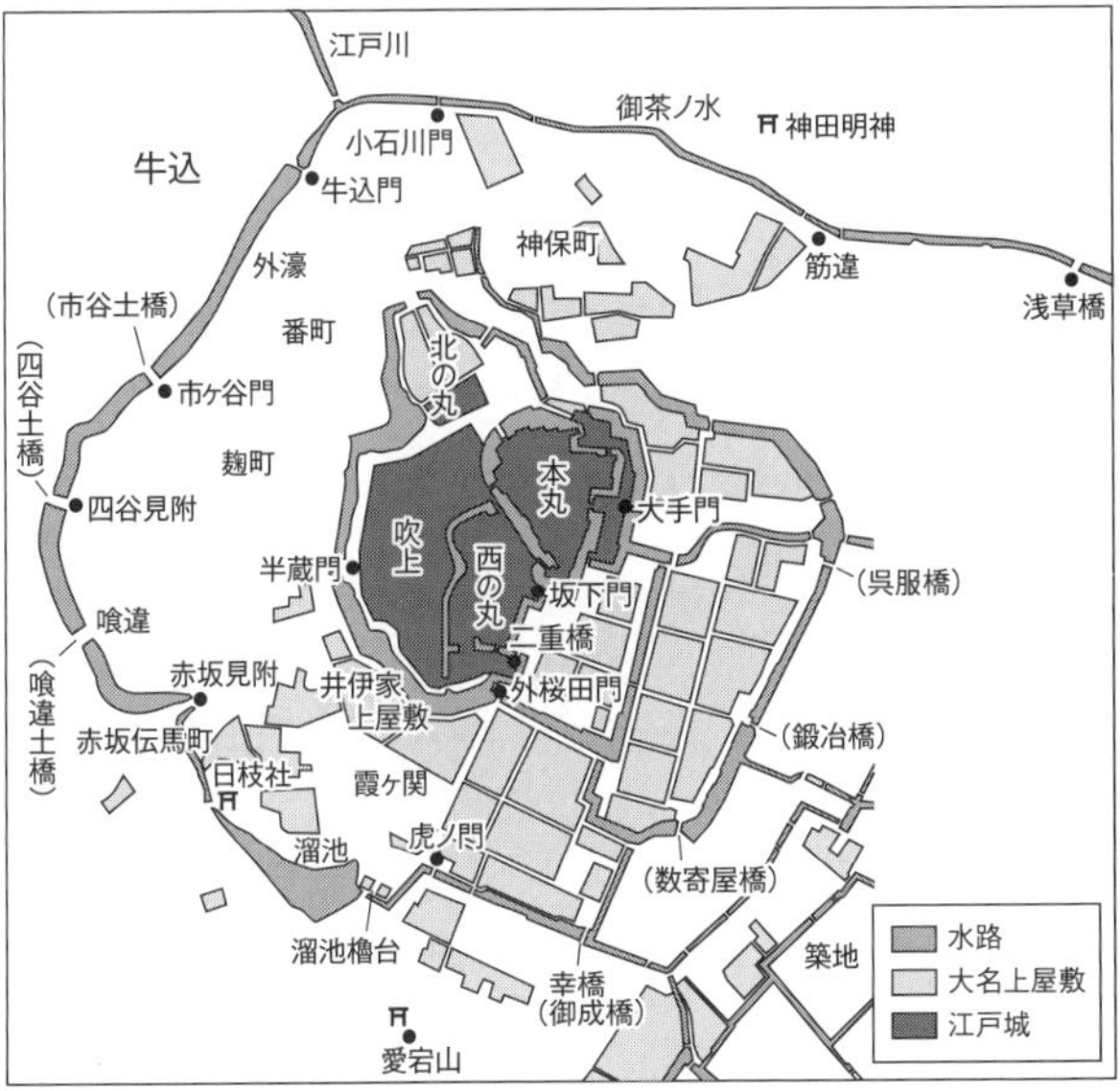

いまも美しい姿を残す内濠

●四季それぞれの水辺の景色

江戸城の内濠には「千鳥《ちどり》ヶ淵《ふち》」「牛《うし》ヶ淵《ふち》」という水の流れもある。いまも残っているから、なじみの人も多いだろう。

九段坂《くだんざか》（千代田区九段北一）は、江戸のなかでも一番大きく、急な坂といわれた。江戸時代にくらべると、いまの九段坂は緩やかになっているというが、それでも急な坂だ。しかし、これをのぼると楽しみがある。

それは豊かな水を湛えた「千鳥ヶ淵」の眺めである。九段坂の上を左へ曲がると、田安《たやす》門（千代田区北の丸公園）が見えてくる。現存する江戸城の城門としては最古のものだけに、風雪に耐えた歴史を感じるという人が少なくない。

田安門は、国の重要文化財に指定されている。この門をくぐった先にあるのは、日本武道館や北の丸公園だ。武道館は、さまざまなコンサートで海外にも知られている。

田安門の西側に千鳥ヶ淵が見える。ここからの眺めも悪くないが、門をくぐらず、西へまわって見る水の眺めも格別だ。千鳥ヶ淵の向こうに武道館などを望むことができるが、千鳥ヶ淵のすべてが石垣で築かれているわけではない。

「腰巻石垣《こしまき》」といって、下部は石垣で築かれているが、上部は土手になっている。緑の草におおわれ、美しい斜面を描き出す。ぼーっとして眺めていると、ここが東京なのか、と思える野趣《やしゅ》を感じるほどだ。

四季それぞれの美しい水辺の景色を見せているが、千鳥ヶ淵は都内有数の桜の名所である。ソメイヨシノやヤマザクラなど、花の季節になると見事な光景をつくり出す。ボート遊びもできるから、水の上から眺める桜を楽しみにしている人も多い。

千鳥ヶ淵は内濠の一部となっているが、もともとは台地の下にある池だった。この池から水が流れ出し、川となって南東へ進み、日比谷入江にそそいでいた。

さらに、このあたりには小さな谷を流れる川がいくつかあったが、これらを一つにまとめて飲料用の貯水池とし、その後、江戸城の内濠に組み込んだという。

淵というのは、いうまでもなく川などで水が淀《よど》み、深くなったところのことである。しかし、ここでいう「淵」は、流れを塞《せ》き止めてつくったダムだ。

家康が江戸に入国するに際して、家臣の大久保忠行に「飲料水の確保」を命じたが、千鳥ヶ淵と牛ヶ淵は、そのためにつくられた。千鳥ヶ淵は、もともと南側の半蔵濠《はんぞうぼり》とつながっていた。だが、道路建設のために埋め立てられ、切り離された恰好となった。また、「鳥」という名称は、水面が千鳥の形をしていることに由来する。

ところで、田安門の東方に清水《しみず》門がある。これは御三卿《ごさんきょう》の一つ、清水家の屋敷門で、国の重要文化財だ。

田安門から清水門までの濠は「牛ヶ淵」という。牛ヶ淵は、台地東端の河岸段丘《かがんだんきゅう》を利用して堰堤をつくり、湧き水を塞き止めて水を溜めた。

牛ヶ淵の名は、牛車の転落事故にちなむ。

当時の九段坂は、急な坂だったから事故が起きやすい。九段坂をのぼってきた牛車が誤って淵に転落したのだ。

ところが、数日たっても転落した牛や車が水面に浮いてこない。そこで、牛を飲み込んだ恐ろしい淵、といった印象が残り、「牛ヶ淵」といわれるようになったという。

千鳥ヶ淵をまわり込み、西へ進むと、内濠の半蔵濠、桜田濠《さくらだぼり》とつづく。

その境にあるのが半蔵門（千代田区千代田）だが、半蔵とは服部《はっとり》半蔵のことで、近くに半蔵の屋敷があったため、半蔵濠、半蔵門の名がついた。

半蔵門は、江戸城の吹上《ふきあげ》、西の丸への入口であり、江戸城の西側裏門だった。甲州街道《こうしゅうかいどう》は、ここを起点として西へ延びている。

また、山王祭礼《さんのうさいれい》や神田明神《かんだみょうじん》祭礼のときは、神輿《みこし》が半蔵門から城中に入り、将軍も江戸庶民とともに見物した。

いまでは、濠の周囲を散歩したり、ジョギングを楽しむ人が多い。その人たちは、さまざまな水の風景にふれているわけだが、なかでも半蔵門のあたりから見る風景が美しいという。

実際、半蔵門付近から桜田濠を眺めると、濠の両岸が雄大で、しかも美しい曲線を描いていて都心であることを忘れてしまうほどだ。

全体を石垣にしているのではなく、上部だけ石垣にし、あとは濠際まで土を盛り、土留《つちど》めに芝をはったところもある。こうした形状を「鉢巻《はちまき》土塁」という。その逆に下の部分、濠の底までを石垣にし、上部はゆるやかな土塁にしたところもある。これは「腰巻土塁」と称する。

樹木など植物が多いため、緑や紅葉、季節ごとの花など四季色とりどりに美しさを演出するし、冬には渡り鳥の姿を見ることができて楽しい。

城の表である東側には石垣が多く、裏の西側には石垣が少ない。同じ江戸城の濠なのに、その変化がおもしろい。家康は「京都の地は味方だから、その方角には堅固な構えは無益だ」と語ったというが、石垣が少ないのはそうした考え方によるのだろうか。

第二章 徳川家康が小名木川を開削した理由

第二章

深川を中心とした物流の大動脈

●塩の道「小名木川」が開かれた理由

江戸の深川《ふかがわ》は川や堀が多く、「水の都」といっても過言ではなかった。

当時の絵画を見ると、江戸時代にはいまのようなビルはないし、水路の近くには緑の木々が多く、水郷《すいごう》のような情景をよく目にすることができたようだ。

数多くある川や堀のなかでも、幹線水路だったのは東西に流れる小名木川《おなぎ》である。東は中川《なか》（旧中川）口から西は万年橋《まんねん》の下、隅田川《すみだ》へそそぐところまで、長さは約一里十町《りちょう》（約五キロ）、幅は二十間《けん》（約三十六メートル）。もともとは「塩の道」として開削《かいさく》された運河だった。

徳川家康《とくがわいえやす》が江戸へ入国したとき、江戸城や城下町の建設に着手したが、最初に手がけたのは小名木川を開削することだった。塩は人間が生活するうえで欠かせないものだし、当時は重要な戦略物資とされていたからである。

小名木川の開削

（●印は現在の公園）

下総国行徳《しもうさのくにぎょうとく》（千葉県市川《いちかわ》市）は、東国最大の塩の生産地だった。塩は行徳の海岸でつくられていたから小型の舟や帆《はん》船《せん》で運べばいいように思われるが、海岸沿いにそのような船を航行させるのは、複雑な渦や波が発生するため、困難なことが多い。

そこで安定した航行をするために、沿岸にわざわざ運河を開削したのである。行徳から中川（旧中川）の河口までを「新《しん》川」、中川河口から隅田川までを「小名木川」と称した。塩は新川から小名木川へと運ばれ、隅田川を横断して道三堀《どうさんぼり》へつづく日本橋《にほんばし》川へと入った。

定期的に運行する船は「行徳船」と呼

ばれたが、行徳と江戸とのあいだは半日がかりだった。こうして船は、日本橋川の行徳河岸（中央区日本橋小網町《こあみ》）に着く。

行徳河岸には、廻船問屋《かいせんどんや》や物産問屋が軒を並べていた。塩を中心に〆粕《しめかす》（肥料）や鰹節《かつおぶし》、醤油《しょうゆ》、足袋《たび》などが運ばれてきた。人間も乗ってくる。小名木川は、人や物資を運ぶ大動脈だった。

ところで、この「小名木川」の名称だが、小名木四郎兵衛《しろべえ》が開削工事を担当したため、完成したときに姓をとって川の名にしたという。

小名木川は、やがて江戸廻米《かいまい》の輸送路としても利用された。房総《ぼうそう》半島をまわり、江戸湾へ向かうという方法もあるが、途中、海が荒れて難破することが少なくない。そうした危険を避けるため、奥州《おうしゅう》（東北）からの江戸廻米船が銚子《ちょうし》から利根《とね》川に入り、さらに江戸川を下って小名木川を航行。安全な内陸部の水路を利用し、隅田川沿岸の御蔵《おくら》（幕府の米倉。台東区蔵前《くらまえ》二）へ運んだ。

じつをいうと、深川は小名木川を中心に発展していったといってよい。むろん、それは江戸の発展と連動しているのだが、それとともに小名木川は物流の大動脈となったわけである。

●日比谷入江と道三堀

豊臣秀吉《とよとみひでよし》が天下を取った直後、国替《くにがえ》を命じられた徳川家康は、小田原《おだわら》でも鎌倉《かまくら》でもなく、江戸を選んだ。家康が熟慮の末、江戸に「京都よりすぐれた町をつくる」と決めたからだった。家康をはじめ、側近たちが周到な計画を立て、人力と技術力を投入して江戸の開発に乗り出す。

こうして江戸中期、家康が思い描いた京の町をはるかに超え、江戸の人口は百十万人をかぞえるまでになった。当時、ヨーロッパ最大の都市ロンドンが七十万人、パリは五十万人だったから、江戸はまぎれもなく世界一の大都市になっていた。

家康が目標にしていたのは、その後の江戸の発展ぶりを見てもわかるが、つぎの三点である。

①水路を開き、舟運を盛んにすること。
②百年前に太田道灌《おおたどうかん》が築いた江戸城周辺の湿地帯を埋め立てて住宅地を造成すること。
③将来の人口増を見越して飲料水を確保すること。

当時、人が移動するとか、物を運ぶには、人力か馬や牛、あるいは海や河川を往来する船を使うしかない。なかでも一度に多くの荷を運ぶことができたのは船だった。河川や運河、船が物流の主役になっていたのである。水路や水運が江戸発展のカギを握っていたわけで、家康がまずこれに着手しようとしたのは当然のことだった。

そのころの江戸の地形は、いまとはまったく異なる。江戸城（いまの皇居のあたり）の南側には、海が袋状に奥深く入り込んでいた。この海を「日比谷入江《ひびやいりえ》」という。入江の西側に日比谷村、桜田《さくらだ》村などがあった。

日比谷という地名は、現在の東京に残っているが、これは海苔《のり》やカキを着生《ちゃくせい》させるために、海中に立てておく篊《ひび》（竹や木の枝）に由来する。入江には多くの篊が立てられており、その様子から「日比谷」の地名が生じたと考えられている。

日比谷入江の東側に、半島状の「江戸前島《えどまえじま》」があった。島と名づけられたが、本郷台地《ほんごうだいち》の延長として海へ突き出た小さな半島である。船でやってくると、島のように見えたのかもしれない。

最初に行なわれた工事は「道三堀」を開削することだった。これは江戸前島のつけ根部分を切り開く工事で、建設資材や生活物資など大量に運び込むための水路だった。堀といっても、たんなる人工的な川ではない。いまの幹線道路のような重要な役割を担っていた。

家康入国以前の江戸（天正18年〈1590〉頃）

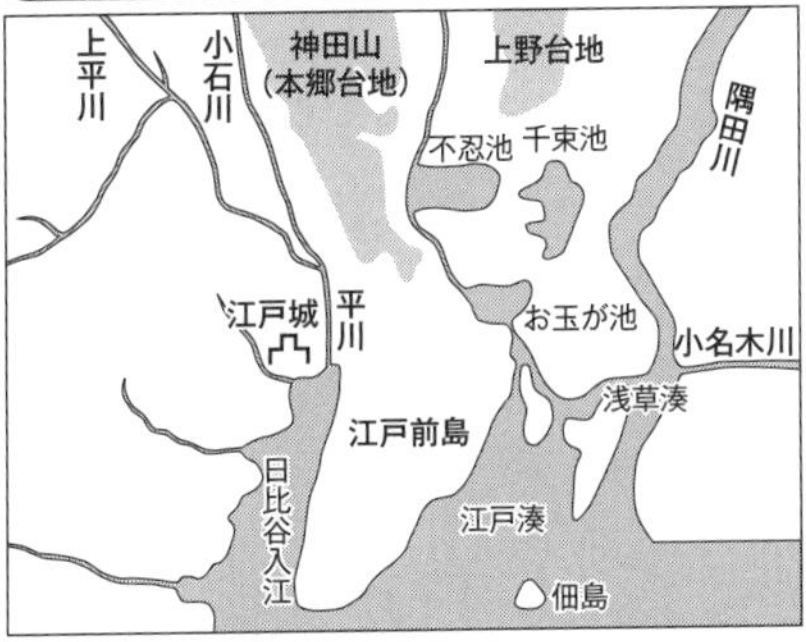

江戸城の東側を平川が流れていた。

家康入国直後（天正20年〈1592〉頃）

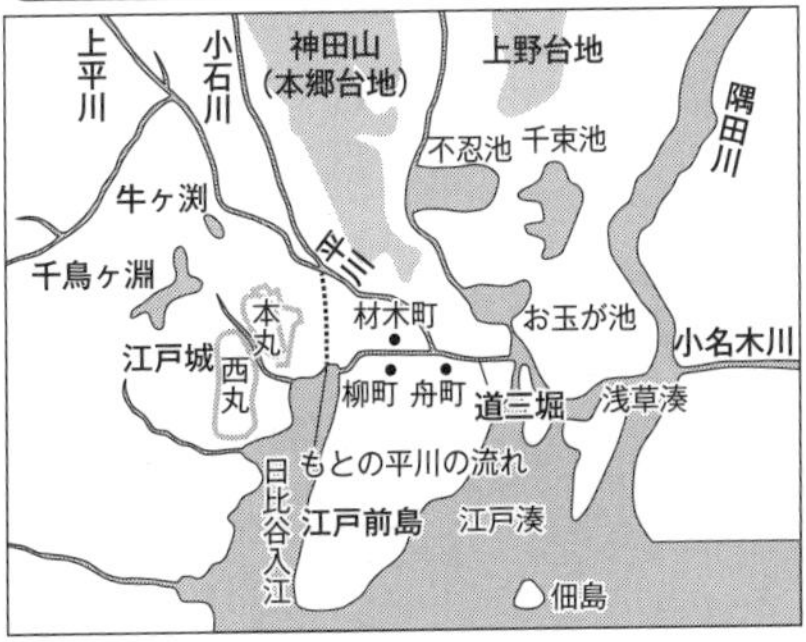

平川の流れをつけかえ、さらに江戸前島に道三堀を開削。

第二次天下普請後（慶長19年〈1614〉頃）

神田山を切り崩して日比谷入江を埋め立てた。江戸城の外濠を掘り上水源として溜池を造成。

ただ問題が一つある。平川《ひら》が江戸城の南側から日比谷入江に流れ込んでいたことだが、そこで平川の下流を途中で東南へと変え、道三堀へ結びつけたのである。この結果、平川下流と道三堀とが合流し、江戸前島の東側、江戸湊《みなと》へと流れ込むようになったのである。

道三堀は、いまは存在しない。だが、現在の地名でいえば皇居東側、パレスホテルのあたり（辰《たつ》ノ口《くち》）から大手町交差点を経て、呉服橋《ごふくばし》交差点で平川（日本橋川）に合流し、江戸湊に至るというものだった。

道三堀が開通したことで、建設資材や諸国の物産を船に積んだまま、江戸湊から江戸城へ、じかに搬入することができるようになった。しかも堀の両側には運送業者や材木屋などが集まり、多く町屋ができたし、活気も生まれたのである。

そうした一方、行徳から塩を運ぶための沿岸運河を開削した。中川（古利根川《ふるとね》）。当時の利根川主流）と隅田川（入間川《いるま》）河口までを「小名木川」といい、その先、行徳側は行徳側の江戸川（利根川）と中川までのあいだを「新川」と称した。

これらの運河の完成によって「行徳→新川→小名木川→道三堀」と、一本の水路につながったわけで、江戸への物資はたいそう便利になった。こうして江戸は、しだいに水の都になっていく。

第二章

中川船番所の重要な役割

●水路の関所「中川船番所」

小名木川と中川（旧中川）とが合流する北岸の角地に「中川船番所《なかがわふなばんしょ》」（江東区大島《おおじま》九）があった。

徳川家康が城下町づくりのなかで力を入れたものの一つが、水運のための運河の開削である。小名木川を開削する一方、江戸から利根川、霞《かすみ》ヶ浦《うら》への水路を整備し、さまざまな航路がつくられた。それらは関東各地から物資を江戸へ運ぶ重要な水路となった。

小名木川は江戸へ向かう水路の終端部の役割を果たしていたのである。とくに小名木川は、下総《しもうさ》行徳（千葉県市川市）からは特産の塩のほか、さまざまな物資や人間も運んでくる。

それが利根川などと結びつくと、運ばれてくる物資が多様になる。なにが運ばれてくるかわからないので、往来する船や荷を見張る必要が生じた。陸路の関所《せきしょ》と同じように、水路の関所として江戸へ出入りする船を取り締まり、「入鉄砲《いりでっぽう》、出女《でおんな》」を点検した。

当初、船番所は小名木川の隅田川口に設けていたが、明暦三年（一六五七）の振袖《ふりそで》火事で江戸市中が焼失。その後の復興計画によって深川の都市化が進んだことから、船番所も寛文元年（一六六一）、小名木川の中川口へ移された。

川には客を乗せた船がいく隻《せき》も行き交っているし、荷船や帆を掲げた船など往来する船は多い。船番所では、役人たちが見張っていたし、岸壁の小屋にも役人がいて注意深く視線をそそぐ。きびしい規則が設けられていたが、行徳船のような定期船であれば、船頭が大声で乗客の数や身分（武士、僧、町人、百姓など）を告げて報告。「通ります」と挨拶するだけでよかった。

「三味線を握って通る船番所」

こんな川柳《せんりゅう》もある。それまで賑《にぎ》やかに三味線を弾き、うたっていたのに、船番所を通るときには三味線を握りしめ、静かに通ったというのである。

この水路は、商売で行徳にいく人もいれば、成田詣《なりたもう》での人もいる。明治二年（一八六九）に廃止されるまで、どれほど多くの船が通ったかわからない。平成十五年（二〇〇三）、跡地の近くに中川船番所資料館が開設。跡地の発掘調査で出土した資料、再現された船番

再現された中川船番所のジオラマ

（中川船番所資料館）

所の原寸ジオラマなどが展示されている。

●六間堀川と五間堀川

江戸初期、行徳の塩を江戸に運ぶため、小名木川が開削されたことはすでに述べた。それと並行して深川と本所との境に竪《たて》川が、さらに北側に北《きた》十間《じっけん》川が開削。その後、小名木川と竪川とを結びつけるように横《よこ》川（大横《おおよこ》川）、横十間川などが掘られた。

深川には、このように多くの堀が誕生し、水運も発達した。小名木川と竪川を結ぶ堀川は何本かあったが、もっとも隅田川寄りのものは「六間堀《ろっけんぼり》川」だった。川幅が六間（約十メートル）だったので、この名がある。

竪川の南河岸に面した松井《まつい》町（墨田区千歳《ちとせ》一、

三）に松井橋（千歳橋）が架けられていたが、六間堀川はそのあたりで竪川から分かれて南へ流れ、小名木川に結びつく。

六間堀川といえば、陶芸家の尾形乾山《おがたけんざん》が七十歳のとき、江戸へ出て入谷《いりや》に窯《かま》を開いた。しかし、晩年は後援者を失い、やむなく六間堀の材木商筑島屋《ちくしまや》の長屋に入り、絵を描いて暮らした。だが、貧苦のなかで、誰にもみとられず、寛保三年（一七四三）、八十一歳で息を引き取った。

また、六間堀川の小名木川に近いところに、幕府の「御籾蔵《おもみぐら》」（江東区常盤《ときわ》一）があった。備荒貯蓄用《びこうちょちくよう》の米蔵で、松平定信《まつだいらさだのぶ》の案出したものとされるから、それ以前に死去した乾山は恩恵を受けることができなかった。

六間堀川は万治二年（一六五九）に開削され、長いあいだ、水運に利用された。しかし、昭和二十四年（一九四九）、戦災のために出た焼け跡の瓦礫《がれき》の処理場とされ、埋め立てられた。

六間堀の途中、北森下町《きたもりした》（江東区森下一）のところで「五間堀川」が分流。水路は東北へ、南北へとジグザグになっていた。開削されたのは万治二年だが、昭和十一年（一九三六）三月には埋め立てられている。

第二章

木場は江戸の水郷だった

●深川木場の角乗り

深川の木場《きば》（江東区木場二～六）は、まさに江戸の水郷といってよい地域だった。

木場は材木置場の俗称で、材木を運ぶための水路が短冊状《たんざくじょう》に掘りめぐらせてある。水路は隅田川などに通じているから、水に浮かぶ材木を筏《いかだ》にして、川並《かわなみ》という人足が筏に乗り、長鉤《ながかぎ》一本で操りながらほかの場所へ運ぶ。丸太のほか、角材に乗って同じような作業をする。

かつては角乗りも盛んだった。水面に浮かぶ角材に乗り、足で角材を転がす技で、見事な軽業《かるわざ》をやってみせる。技が未熟で、熱心に練習している姿を見たこともあるが、失敗して水に落ちることもあった。祭礼のときに、大勢の見物人を前に角乗りの妙技を披露するのだ。この「木場の角乗り」は、東京都の無形文化財に指定されている。

昭和のころは、水路のまわりは材木置場や建物が多かった。江戸時代には、堀に材木が浮いているのは同じだが、土手《どて》で囲み、川が流れていたりする。陸には松や柳などの樹木が植えられ、材木商の大きな家が建てられていた。

深川の木場はよく絵に描かれた。歌川広重《うたがわひろしげ》の『名所江戸百景《めいしょえどひゃっけい》 深川木場《ふかがわきば》』では、雪が降りしきり、材木置場に使っている堀の水は青いが、岸辺の松や立てかけてある材木など、すべて雪に覆《おお》われて白い。人びとは傘をさして歩く。

斜めに立てかけた材木の下で、二匹の犬がじゃれあっている。堀では、蓑《みの》を着た男が二人、材木に乗りながら足や竿《さお》を使って材木を集めるといった様子は、よく目にすることができたはずだ。木場は貯水場であり、そうした作業をする場でもあった。

●新しい水辺の景観

深川といえば材木商が多く、木場を中心に独自の水辺の景観が生まれた。木場の発展に一役買ったのは、仙台堀《せんだいぼり》だった。当時、隅田川の沿岸にあった上の橋（江東区佐賀《さが》二）の下から東へ、横川に通じていた。現在は仙台堀川というが、隅田川とつながっていない。

仙台堀の名称は、上の橋北側に仙台藩伊達《だて》家下屋敷（江東区清澄《きよずみ》一）があったことにちなむ。その後、川筋は横川から東へ開削された。横川と横十間川とのあいだは「十間川」

『名所江戸百景 深川木場』（歌川広重）

（国立国会図書館 所蔵）

と呼ばれた。

明治になってさらに延長され、小名木川に結びつけられたが、明治の延長部分は「砂町《すなまち》運河」と称した。昭和三十九年（一九六四）、河川法が改正され、仙台堀、十間川、砂町運河の流れをまとめて「仙台堀川」と称するようになった。

江戸時代の仙台堀は、材木やさまざまな物資を運ぶ大動脈だったが、近代化とともにしだいに水運が衰える一方、昭和になって地盤沈下が問題となった。この結果、仙台堀の大横川（横川）と横十間川までが埋め立てられ、七つの森、川遊びができる親水施設など、「仙台堀川公園」として新しい水辺の景観をつくり出している。

さらに仙台堀川と交わる横十間川にも、川の一部を埋め立てて「横十間川親水公園」がつくられた。約二キロの細長い公園だが、南端が仙台堀川公園とつながっている。水辺の散策路がなごめると人気のようだ。

●油船が出入りした油堀川

仙台堀川の少し南に「油堀川《あぶらぼり》」があった。隅田川からの入舟堀で、寛永六年（一六二九）に開削され、元禄十二年（一六九九）には川幅を十五間（約二十七メートル）に広げたという。

油堀川は中の橋（江東区佐賀一）の下から東へ向かい、富岡橋《とみおか》（江東区福住《ふくずみ》一）のところで二方へ分かれていた。一つは東へ向かい、永代寺《えいたいじ》、富岡八幡宮《はちまんぐう》（江東区富岡一）の裏を流れ、仙台堀川に合流する。もう一つは、やや東北に向かい、堀留になっていた。

仙台堀川とこの堀留とのあいだに冬木町《ふゆき》（江東区冬木）があった。材木商として成功した冬木家が開いた町だが、尾形光琳《こうりん》が冬木家の妻女のために、秋草模様を手描きした「冬木小袖《こそで》」（東京国立博物館　所蔵）が有名だ。

隅田川から油堀川に入ると、両岸は佐賀町（江東区佐賀一〜二）である。このあたり一帯は海岸の干潟《ひがた》だったが、対岸からは島のように見えたため、「永代島《えいたいじま》」と称していた。

隅田川の河口にのぞんで漁師の住む集落があった。寛永年間（一六二四〜四三）に埋め立てが進み、町もできる。開拓者の名を冠して次郎兵衛《じろべえ》町、藤左衛門《とうざえもん》町と称したが、元禄八年（一六九五）、二つの町が合併され、佐賀町になったのである。

町名は、肥前《ひぜん》の佐賀港（佐賀市）によく似た地形だったので「佐賀町」と名づけられた。油をはじめ、米や雑穀《ざっこく》、干鰯《ほしか》などを扱う問屋や倉庫が立ち並び、賑やかだったという。

入舟堀には油商人の会所《かいしょ》があり、油を運ぶ船が利用していたので「油堀川」といわれた。

油船は普通の荷物とは異なるから、この入舟堀には独自な景観があったようだ。

●深川の木場が長く栄えた秘密

深川に多くの材木商が移り住み、広大な木場をつくりあげたが、このような木場が存在するのは世界的にも珍しい、といわれる。「深川木場」の風景は、ここでしか見ることができない貴重なものだった。しかし最初から深川に材木商の町がつくられたわけではない。

江戸初期、材木商たちは、江戸城に近い道三堀河岸あたりに店をかまえ、江戸城や大名屋敷、城下町などの建設工事に材木を供給していた。

やがてこのあたり一帯、武家地に指定される。そこで材木商たちは、楓《かえで》川西岸への移転を余儀なくされたが、のちに本材木町《ほんざいもく》（中央区日本橋一〜三、京橋《きょうばし》一〜三）が成立した。

楓川は、江戸橋の南詰から南へ、京橋川に架かる白魚橋《しらうお》までの堀川である。昭和三十七年（一九六二）には埋め立てられ、高速道路になった。

その後、寛永十八年（一六四一）一月二十九日、江戸で最初の大火といわれる「桶町《おけちょう》の大火」によって、三百八十人の死者を出したほか、市中の材木置場にあった材木もすべて焼失。衝撃を受けた幕府は、材木置場を川向こう（隅田川の東部）に移転させることを命じたのである。

この結果、材木商たちは元木場（江東区佐賀、福住、永代のあたり一帯）に移り住み、材木置場を設けるようになった。

もともと深川は海だったが、やがて寄洲《よりす》ができ、それを埋め立てて住宅地にしたというところが少なくない。たとえば、深川材木町（江東区福住二）もその一つで、もとは海岸の寄洲だった。元禄十二年（一六九九）、幕府が盛り土をして土地を造成、払い下げたことから多くの材木商が移住、翌年、材木町ができたのである。

全般的に深川には未開発の湿地帯が多く、材木置場に適した場所が少なかった。それでも干拓を進め、堀や水路を開削して、しだいに材木置場に適した土地が増えていった。その広さは約九万坪（約二十九万七千平方メートル）におよぶ。これがのちに「木場」と呼ばれるようになったわけである。

ところが、明治以降、海岸の埋め立てが進み、海が遠くなるなど状況が大きく変化し、材木商などが貯木場の新木場（江東区新木場一）へ移転。江戸時代からつづく木場は貯木場を埋め立て、水辺のプロムナードや芝生の広場などを整備、平成四年（一九九二）、広大な木場公園として生まれ変わった。

深川の木場が江戸時代から長いあいだ栄えてきたのは、満潮時には貯木場に海水が入り込むため、材木に虫がつかない、という好条件に恵まれていたからだった。

●大島川と漁師たちの町

深川には東西に流れる小名木川があり、その南に仙台堀川、さらに海岸近くに大島川（のちに大横川につながる）があった。また、小名木川と直角に交差するように、大横川と横十間川とが開削され、深川地区の主要な運河網ができあがった。

大横川は、もともと本所を開発する際に開削された運河で、本所からはじまり、深川を流れ、隅田川へそそぐのだから長流である。

幕府は明暦の大火後、新しい江戸の町づくりに着手した。本所築地《つきじ》奉行という役職を新設したのは、大火の三年後、万治三年（一六六〇）のことだ。

もともと本所は、沖積低地が多い。つまり、流れる水で土砂などが積み重なってできた低い土地だから、住宅地を造成するには、土地の水気を抜く必要がある。さらに水運のための水路をつくらなければならないが、この工事は同時に進めることができた。水路が完成したあとは、どこにどのような職業の人たちを住まわせるのか、方針を決める。これらが本所築地奉行の仕事だった。

本所の北端に、瓦《かわら》焼きの職人が多く住む小梅《こうめ》瓦町（墨田区向島《むこうじま》一）という町があった。大横川は、本所開発の際に開削された北十間川の水の一部が、小梅瓦町のあたりで分かれて南下、小名木川まで流れる運河だった。

その後、仙台堀川と交差し、東から流れてきた横十間川と富士見《ふじみ》橋（江東区東陽《とうよう》六）あたりで合流する。さらに、その先も開削された。沢海《さわうみ》橋（江東区木場五）から西へ曲がり、隅田川と合流するのだが、その手前にある水門のところまでは、大島川といわれていた。

昭和三十九年（一九六四）、河川法が改正され、北十間川からはじまった横川（当初の名称）、大島川をまとめて「大横川」と称するようになった。こうして大横川は、本所、深川を南北に貫き、隅田川（当時は江戸湾だが）へとつづく大運河となったのである。

ところで、隅田川へ流れ込む少し前、大島川の北岸に沿って大島町（江東区永代二）があった。このあたりは、むかし海岸の浅瀬だったが、大きな島の形に見えたので、大島村と称していたという。

漁師が多く住む、漁業の盛んな村だった。川の名も地名に由来するが、のちに村から町へと発展した。

しかし、深川の開発が進み、やがて大島村の南側も埋め立てられることになった。このあたり一帯が開拓されたのは慶長年間（一五九六〜一六一四）だが、当初は海に面していたため、「海辺新田《うみべしんでん》」と名づけられた。

幕府の事業として、文化七年（一八四〇）から文政年間（一八一八〜一八二九）にかけて編纂された地誌『新編武蔵風土記稿《しんぺんむさしふどきこう》』によると、海辺新田の区域は「北は小名木川、東は永代新田、西は大川（隅田川）にいたった」というから、広大である。

南は海だったが、やがて埋め立てられることになった。その際、それまでの海岸線に沿って埋め残し、水路としたが、これが大島川（のち大横川）である。

正徳三年（一七一三）には、海辺新田のなかから深川海辺大工町《だいく》（江東区清澄三）、蛤《はまぐり》町（江東区永代二）などが成立し、町奉行の支配下に入った。

蛤町は大島川に面した町で、住民に漁師が多い。三代将軍家光《いえみつ》が隅田川を訪れ、河口付近を視察したとき、漁師たちは蛤や小魚を献上した。そのため、「蛤町」と呼ばれるようになった。

深川には木場だけでなく、このような漁師の町も多く、木場とは別の水辺の情景をつくり出していたのである。

第二章

物流を支える本所の水路

●荷船が往来し、小舟が人を運ぶ

本所には隅田川とつながっている堀が多い。それだけ物資や人間の運送に利用され、水運も発展した。荷船が川を往来し、小舟が人を運ぶといえば、テレビの時代劇に出てくる江戸情緒たっぷりのシーンである。しかし、江戸の人びとにとっては、日常の光景だ。

本所や深川に堀や人工的な川が多いのは、もとはといえば明暦三年（一六五七）の江戸大火（明暦の大火、振袖《ふりそで》火事とも）がきっかけになっている。

江戸大火当時、隅田川には千住《せんじゅ》大橋しか架けられていなかった。だから江戸大火では隅田川で逃げ場を失い、焼死したほか、多くの人びとが隅田川に飛び込んで溺死した。

その反省から、幕府は防火対策と深川や本所の開発を進めるため、万治二年（一六五九）に両国橋《りょうごくばし》を架けたのである。橋の名称は、武蔵国と下総国《しもうさのくに》の「両国」を結ぶ橋ということに由来する。

さらに東西の橋詰一帯に火除地《ひよけち》という空地《あきち》をつくり、これを広小路《ひろこうじ》（広い道路）と呼んだ。したがって、広小路には本格的な建築の商店や飲食店を建てることができない。火事などが起き、大勢の人びとが逃げてきても困らないように、商いは仮設の小屋や茶屋、屋台などに限定されていた。いざというとき、すぐに撤去するためだった。

そうした一方、たとえば本所地域では、もともと低湿地だから東西に竪川、北十間川、南北に大横川（横川）、横十間川などを掘り、残土で低湿地を埋め立て、整地した。ほかに東西に北割下水、南割下水など、排水路もつくった。この結果、多様な水辺の風景が生まれたともいえる。

●横十間川は江戸の幹線水路

本所から南下し、深川を流れる「横十間川」は、江戸の幹線水路として水運に利用された。いまでいえば、物流を支える高速道路の役割を果たしていた。しかし、江戸の水辺には樹木が植えられたり、荷揚場近くには茶店や屋台などが並び、人びとを和ませた。

水辺の周辺には武家屋敷や寺社だけでなく、田畑も広がっていた。やがて都市化が進み、町人も増えていく。水辺は人びとが住むのに適していたのである。

本所の北側に、東から西へと流れる「北十間川」が隅田川にそそぐ。この北十間川から分かれて、柳島橋《やなぎしま》（墨田区業平《なりひら》五）の下を南下するのが「横十間川」である。やがて竪川と交差したあと、さらに南下して小名木川と結ぶ。

横十間川の名は、川幅が十間（約十八メートル）だったことに由来する。横は、江戸城から見て横方向に流れていたからで、この場合、「南北」を指していた。

横十間川は、北十間川と小名木川を結ぶ運河で、もともとは材木を運ぶために掘られた。竪川を経てすぐ南の清水橋《しみず》（江東区毛利《もうり》二）から大島橋（江東区猿江《さるえ》二）あたりまで、西岸には幕府の「猿江御材木蔵《さるえおざいもくぐら》」（江東区毛利二）があった。

材木がここに運ばれてきたわけだが、水質がよく、材木を長く貯蔵しておいても品質が劣化しなかった、といわれる。現在、猿江恩賜《おんし》公園となっている。横十間川が柳島橋のところを南下してまもなく、流れの東側に亀戸天満宮《かめいどてんまんぐう》（江東区亀戸三）がある。

江戸庶民は天満宮の藤の花と、亀戸梅屋敷《うめやしき》（江東区亀戸三）の臥竜梅《がりょうばい》を好んで、よく訪れた。藤の花は「江戸随一」といわれたが、いまでも有名で、花の季節になると多くの人が花見にやってくる。

広重も藤棚から垂れ下がる見事な花を、池に架かる太鼓橋とともに描いた。藤の花は三尺《じゃく》（約九十センチ）も垂れ下がり、風に揺れると香気《こうき》がただよう。藤棚の下には茶屋が軒《のき》を連ね、名物の蜆汁《しじみじる》を出したし、料理茶屋では鯉料理が評判だった。

梅屋敷には、見事な梅が多かったが、人気の臥竜梅は「江戸第一の名木」といわれた。根元の太さは五尺余（約一・五メートル）で、もっとも高い枝は一丈《じょう》（約三メートル）、しかも横に六間（約十一メートル）も広がっていた。花は薄紅色だが、満開になると香気が衣装に移るほど。むろん広重も見事な梅をダイナミックに描いた。

商人や文人墨客《ぶんじんぼっかく》は屋根船に乗り、深川や本所の掘割を通って訪れる。あるいは、隅田川をさかのぼり、竪川を経て横十間川を航行する客も多かった。なごやかな船旅をして、花を楽しんだのである。さらに梅の花見客は、梅干を買って土産にした。

横十間川は、亀戸天満宮（亀戸天神）の西を流れるため、このあたりの流れは「天神川」ともいわれていた。その後、横十間川は小名木川あたりから、さらに南へ延長され、仙台堀に合流するようにした。合流点のあたりは「二十間川」とも称された。

現在、横十間川は小名木川と合流する地点までは水面が残っているが、その先は埋め立てられ、横十間川親水公園（江東区千石《せんごく》三）になっていて、仙台堀川公園（江東区千石三）とL字のように接続している。

第二章

竪川の名所「両国百本杭」

●開発とともに延長された大横川

本所の開発にともない、北十間川から南へ、小名木川までのあいだに大きな堀川が開削された。これが大横川である。万治二年（一六五九）のこととされるが、その後、さらに南へ掘り進み、深川石島町《いしじま》（江東区牡丹《ぼたん》二）まで達した。

長さは一里余（約四キロ）、幅は二十間（約三十六メートル）とされる。

もっとも下流部は平野川《ひらの》、大島川と呼ばれていた。昭和三十九年（一九六四）の河川法改正の結果、すべて大横川となった。現在の大横川は、沢海橋（江東区東陽五）のあたりで西へ曲がり、曲線を描きながら隅田川へそそぐ。その途中に石島橋（江東区牡丹二）がある。もともと、この橋の下を流れていたのが大島川だった。

このあたりは干潟だったところで、埋め立てて陸地がつくられる一方、そうした大島川などができた。このような川の移り変わりは、江戸の埋め立ての歴史を物語っている、ともいえる。

●本所と深川の間を流れる竪川

小名木川の北方に、平行するように竪《たて》川が流れている。中川（現・旧中川）と隅田川とのあいだを東西に流れる運河で、おおまかにいうと、竪川の北が本所（墨田区）で、南は深川（江東区）だった。

現在の地図は、一般的に北を上にして描かれているが、それで見ると竪川は明らかに横に流れている。しかし、先にも触れたように竪（縦）とか横とかいうのは、江戸城から見た場合の判断による。

この川も江戸城から見て竪に流れているので、竪川と名づけられた。

竪川に架けられた橋は、隅田川近くの一之橋（一ツ目橋）から東へ、二之橋（二ツ目の橋）、三之橋（三ツ目橋）、四之橋（四ツ目橋）、五之橋（五ツ目渡し）と名づけられたが、むろんこれも江戸城から見ての名称だった。なお、五之橋はなく、実際には渡し舟が運航していた。

竪川の南沿岸には、西から東へ松井《まつい》町、林《はやし》町、徳右エ門《とくえもん》町、柳原《やなぎはら》町などが並ぶ。しかし、広さでいえば、圧倒的に広いのは武家屋敷である。北沿岸には尾上《おのえ》町、相生《あいおい》町、緑《みどり》町、柳原町などが連なる。

たとえば、陸奥弘前《むつひろさき》藩（青森県弘前市）津軽《つがる》家の上屋敷（墨田《すみだ》区緑二）や大名の下屋敷、旗本屋敷が多かった。

尾上町（墨田区両国一）は西側が隅田川、南側は竪川に面している。竪川が隅田川にそそぐあたりである。北側は両国橋東詰の向両国（東両国）といわれた盛り場だ。隅田川に面していた河岸地は、尾上河岸と呼ばれていた。

竪川の長さは、一里八丁四十八間（約五キロ）、川幅は十七間（約三十メートル）という大きな運河だった。江戸の人びとが中山《なかやま》（千葉県市川《いちかわ》市・船橋《ふなばし》市）、成田《なりた》（千葉県成田市）、鹿島《かしま》（茨城県鹿島市）などに赴《おもむ》くとき、竪川の船を利用した。

●釣の名所だった「百本杭」

竪川のあたりには、話題になった場所が多い。

一之橋近くには回向院《えこういん》（墨田区両国二）があり、いつでも出開帳《でかいちょう》や勧進相撲《かんじんずもう》、見世物などが催され、多くの人びとで賑わっていた。

劇作家の山東京伝《さんとうきょうでん》、浄瑠璃《じょうるり》の竹本義太夫《たけもとぎだゆう》、盗賊鼠小僧次郎吉《ねずみこぞうじろきち》らの墓が現存する。

回向院の東側には、赤穂浪士《あこうろうし》が討入った吉良《きら》邸（墨田区両国三）があった。討入り後の元禄十六年（一七〇三）十一月、吉良邸が収公《しゅうこう》され、跡地が松坂《まつざか》一丁目になった。吉良邸跡は、三十坪ほどを残し、松坂公園として保存されている。

その北側に広大な御竹蔵《おたけぐら》（墨田区横網《よこづな》一、両国三～四）があった。幕府の材木蔵で、隅田川からの入堀があり、船を着けることができた。跡地には国技館《こくぎかん》、江戸東京博物館、両国公会堂（旧安田庭園）などが立ち並ぶ。

御竹蔵の隅田川側には、川沿いに道路が通じており、入堀の出入口には御蔵《おくら》橋が架けられていた。

周辺には大名屋敷が多く、鬱蒼《うっそう》と生い茂る樹木に囲まれ、まるで森のようだったという。いまでは想像できない光景だ。

なかでも蝦夷地《えぞち》松前《まつまえ》家（北海道松前町）の下屋敷（墨田区横網一）には、見事な椎《しい》の木があり、人びとは椎の木屋敷と呼んでいた。

松前家下屋敷の川下に藤堂《とうどう》家（三重県津《つ》市）の下屋敷があったが、川が少し陸地側に湾曲していた。

両国百本杭（明治後期）

（国立国会図書館 所蔵）

そこで岸が浸食されるのを防ぐため、多くの杭《くい》を打ち込んであった。俗に「百本杭《ひゃっぽんぐい》」（墨田区横網一）といわれ、釣の名所だった。

正岡子規《まさおかしき》の句につぎのような作があるから、明治になっても百本杭を見ることができた。

「舟つなげ百本杭の時雨《しぐれ》かな」

風流な光景と思えるが、それだけではない。川岸が湾曲しているのは、水流に浸食されたからだが、そのため水流に乗ってさまざまなものが流れ寄る。水死人も多く、「江戸一番の土左衛門《どざえもん》（溺死者の遺体のこと）の名所」ともいわれたらしい。

隅田川は、JR総武線の鉄橋付近で、大きく湾曲しているが、当時のわずかな名残である。

第二章

道の真ん中を流れる割下水

●「葛飾や月さす家は下水端」

本所には「北割下水《きたわりげすい》」と「南割下水《みなみわりげすい》」という二筋の流れがあった。

割下水とは、掘削した排水用の掘割で、道を割るように道の真ん中に掘られたため、この名がある。

また「下水」といえば、雨水や排水など汚れた水が流れている、という印象が強い。しかし、江戸の「割下水」を流れる水はきれいだったという。とくに南割下水の両岸には八重桜が植えられ、花の季節には花見客で賑わった、と伝えられる。

北割下水（墨田区本所二～四）は幅が二間（約三・六メートル）ほどあり、石原新町《いしはらしん》（本所二）から東へ、大横川まで流れていた。

もっとも西に若宮橋《わかみや》が架かっていたが、昭和元年（一九二六）に埋め立てられて、流れも橋もない。北割下水は「春日通り《かすが》」になっているが、それより一本南側の道路に面して公園があり、そこに「若宮公園」（本所二）と橋の名を残している。

大横川のこのあたりは「大横川親水公園」となっている。なお、大横川の東側、武家地の先にも横十間川まで割下水があった。この部分は「東北割下水」と称していたという。

東北割下水が横十間川に突き当たったところから、やや南方に亀戸天満宮（江東区亀戸三）や亀戸銭座《ぜにざ》（亀戸二）があった。銭座では寛文八年（一六六八）から明和年間（一七六四～七一）まで、寛永通宝《かんえいつうほう》（江戸時代の代表的な一文銭《いちもんせん》）を鋳造《ちゅうぞう》していた。

南割下水（墨田区亀沢《かめざわ》一～四）も北割下水と同様、幅は二間（約三・六メートル）だった。その西端は、御竹蔵（墨田区横網一）の裏からはじまり、東の大横川までのびていた。いまは埋め立てられ、「北斎通り《ほくさい》」になっている。

葛飾《かつしか》北斎といえば、大作『富嶽三十六景《ふがくさんじゅうろっけい》』をはじめ、『北斎漫画』などの名作を残した画家である。宝暦十年（一七六〇）、本所の南割下水で生まれた。通りに北斎の名を冠したのは、北斎がこの地の住人だったことにちなむ。

俳人の小林一茶《こばやしいっさ》は信濃柏原《しなのかしわばら》（長野県信濃町柏原）生まれだが、江戸の南割下水で暮らしていたこともあり、つぎの句を詠んだ。

「葛飾や月さす家は下水端」

「鶯《うぐいす》が呑《の》むぞ浴びるぞ割下水」

割下水は大横川を経て、横十間川までのびていたが、この部分は「東中割下水」と呼ばれていた。現在は埋め立てられ、JR錦糸町《きんしちょう》駅北口前、東西へつづく道路になっている。

●人力で舟を曳く曳舟川

川を進む舟といえば、一般的には手で櫓《ろ》を漕《こ》ぐか、棹《さお》を使うなどで、幅の広い川なら帆《ほ》を上げ、風を受けて進む。そのほか、曳舟《ひきぶね》というのもあった。

客を乗せた小舟の舳先《へさき》に縄を結びつけ、人間が堤《つつみ》の上でその縄を引っぱりながら歩き、舟を進ませるのである。歌川広重も『名所江戸百景』に「四ツ木《よつぎ》通用水引ふね」と題して、田園風景のなかを小舟を曳く様子を描いた。

この川を「曳舟川」というが、これはかつて水路が二条あり、並行して流れていた。東側の水路は「葛西《かさい》用水路」といい、西葛西領十数か村で水田などに利用した灌漑《かんがい》用水だった。

西側の水路は「本所上水」とか、「亀有《かめあり》上水」などと呼ばれていた。これは幕府が徳山《とくやま》五兵衛《ごへい》を本所奉行に任じ、本所や深川の開発を進めたとき、旗本《はたもと》や御家人《ごけにん》が移り住み、町屋も急増したことから水不足となり、飲料水を給供するために設けられたものだ。

古利根川の支流で、水質がよい瓦曽根溜井《かわらそねためい》（埼玉県越谷市《こしがや》）を水源に、万治三年（一六六〇）に開設された。水は埼玉郡、足立郡、葛飾郡の村々を経て、新たに開発された本所（墨田区南西部）に配水されていたのである。

用水は四つ木村（葛飾区四つ木一～五）を通り、向島《むこうじま》（葛飾区向島）にまで引かれていた。四つ木という土地は、古くは立石村《たていし》で、四本の大木があったために「四つ木」と名づけられた、という。

●酒肴を買い求めて楽しむ舟旅

本所上水の上水としての役目は、七十三年で終わったが、そのまま放置されたわけではなく、周辺農家の灌漑用水に転用された。このあたりの農家では米をはじめ、蓮根《れんこん》やくわい、生姜《しょうが》、紫蘇《しそ》などの野菜をつくり、江戸市中へ運んで売りさばいた。

水があったせいか、金魚の養殖や植木、染物業も盛んだったという。

もう一つ、この用水の流れは水運に利用された。つまり、舟で物資や人びとを運ぶようになったのである。しかし、四つ木村あたり一帯は、地面の起伏が少なく、水の流れがゆるやかだった。

そこで曳舟を使ったのだが、舟の曳手は農民たちがひまを見て交代で担当したという。盛んな時には十四艘もの曳舟がいったりきたりしていた。

このため、曳舟が運航する区間は「曳舟川」と呼ばれた。その距離は、四つ木村から亀有村（葛飾区亀有）までの二十八町（約三キロ）だった。

武士だが、散歩が大好きという村尾嘉陵《むらおかりょう》は、江戸の諸処を訪ね歩き、『嘉陵紀行』（別名『江戸近郊道しるべ』）を書き残した。四つ木を訪れたのは、文化十四年（一八一七）六月十五日で、その印象をつぎのように記している。

「なおいくと世継《よつぎ》（四つ木）で、ここに二軒の茶屋がある。しばらく茶屋で休む。ここから用水に小舟を浮かべ、二十八町のあいだを綱で曳かれていくことができる。これを世継の曳舟という。有名なところだが、今日はじめてきたので珍しい眺めである」

文化十年（一八一三）のころ、曳船の乗賃は一人二十四文《もん》（約六百円）だったという。この曳舟には水戸へいく人や柴又帝釈天《しばまたたいしゃくてん》に参詣する人がよく乗った。なかには舟に乗る前、茶店から酒肴《しゅこう》を買い求め、一杯やりながら短い舟旅を楽しむ人もいたようだ。いまは残念ながら暗渠《あんきょ》になっていて、そうした体験を味わうことはできない。

第三章
消えた銀座・日本橋の豊かな水路

第三章

江戸経済の中心地だった日本橋界隈

●広重が描いた日本橋川の魅力

いま日本橋《にほんばし》（中央区日本橋室《むろ》町一、日本橋一）の橋の上に立って下をのぞくと、水の流れが目につく。日本橋川である。しかし、頭上には首都高速道路がのび、蓋《ふた》をされたようで息苦しい。

さらにあたりを見まわしても開発が進み、新しいビルが立ち並ぶ。街は生き物だから、ずっと同じ姿をしているわけはないのだが、それでも少し裏通りを歩くと、まだ小粋な江戸の情緒がただよってくる気分がする。

日本橋川は、神田《かんだ》川に架かる小石川《こいしかわ》橋の下流で分流し、江戸城の東側を東南へ流れ、豊《とよ》海《み》橋の下流で隅田《すみだ》川へ注ぐ。いまは、この日本橋川を船で楽しむツアーがあって、たいそう人気を集めているようだ。川岸の石垣が江戸そのものだし、陸上の喧噪《けんそう》を忘れさせてくれるからだという。

日本橋のいま

川と運河に囲まれた日本橋北

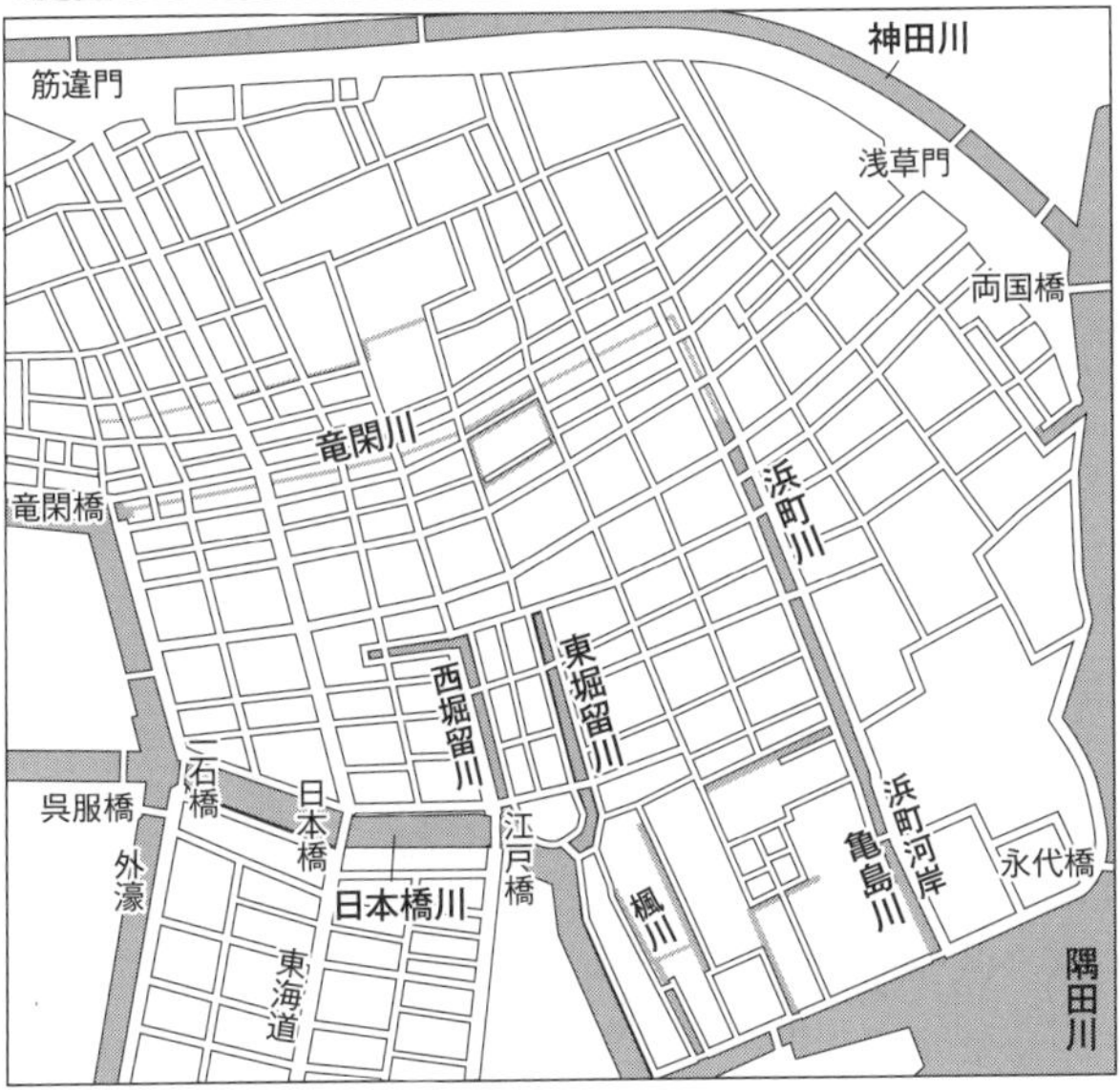

日本橋界隈《かいわい》は江戸経済の中心地だから、商品の流通が活発で往来する人も多い。その象徴的な場所が日本橋だった。

江戸の絵師は日本橋を描いているが、よく知られているのは歌川広重《うたがわひろしげ》の『東海道五十三次《とうかいどうごじゅうさんつぎ》日本橋《にほんばし》』である。朝の光景だが、橋詰には仕入れたばかりの魚を入れた籠《かご》を天秤棒《てんびんぼう》で担《かつ》ぐ男たちがいるし、橋の上では大名行列が進む。

広重には『名所江戸百景《めいしょえどひゃっけい》日本橋雪晴《にほんばしゆきばれ》』という作品もある。雪の積った日本橋だが、橋の上には人の姿が多い。橋の下を流れるのは、むろん日本橋川だ。

八丁櫓《はっちょうろ》の押送舟《おしおくりぶね》があふれるほどの魚を積み、すべるように川面《かわも》を走る。魚河岸《うおがし》には魚屋が軒を連ね、品定めしている客で賑《にぎ》わっている。魚屋の屋根はむろん、岸辺にもやっている舟も雪に覆《おお》われて白い。

向こう岸には、倉庫が軒を並べているし、さらに遠くに雪に包まれた江戸城が見える。その西方にそびえるのは真っ白な富士だ。白い雪景色のなかで、藍色《あいいろ》に彩られた日本橋川は、日本橋界隈の活気を象徴していて力強い。いかにも江戸経済の中心地であることを、さりげなく表しているようだ。

日本橋川という名称は、日本橋にちなむ。日本橋がいつ架けられたのか、正確には不明

『名所江戸百景 日本橋雪晴』（歌川広重）

（国立国会図書館 所蔵）

だが、もともとこのあたりには平川《ひら》が流れていて、太田道灌《おおたどうかん》が築いた江戸城の東側を通り、日比谷入江《ひびやいりえ》に流れ込む。

当時、江戸城のすぐ南には、この日比谷入江が広がっていた。入江の東側に江戸前島《まえじま》があったが、これは本郷《ほんごう》台地の端が舌状に延び、海へ突き出た小さな半島だった。いまの地名でいえば、千代田区の大手《おおて》町、丸《まる》の内《うち》、有楽《ゆうらく》町、中央区の銀座《ぎんざ》、京橋《きょうばし》、日本橋あたり一帯が江戸前島の上に重なる、と考えられている。江戸前島の南端は、いまの「汐留《しおどめ》シオサイト」（港区東新橋《ひがししんばし》一）あたりだ。この地は、もともと浅瀬だった。

日比谷入江は、袋状に入り込んだ海だが、江戸初期、城下町の整備にともない、埋め立てられた。陸地となったところは、いまの新橋、内幸《うちさいわい》町、日比谷公園、霞《かすみ》ヶ関《せき》、皇居《こうきょ》外苑《がいえん》（皇居前広場）あたりで、この地域はかつて海の底だった。

そうした一方、江戸前島のつけ根を横断する運河として「道三堀《どうさんぼり》」が開削《かいさく》される。同時に日比谷入江に注ぎ込んでいた平川の河口を延長して道三堀に結びつけ、江戸湊《みなと》へ流れ込むようにつけかえたのである。

この段階では、まだ平川の下流とされていた。その後、慶長八年（一六〇三）、江戸の城下町整備の一環として木製の橋が架けられ、日本橋と呼ぶようになった。それとともに、平川も日本橋川と称された。

●一石橋と「迷い子のしるべ石」

日本橋の西隣に一石橋《いっこく》（中央区日本橋本石町《ほんごく》一、八重洲《やえす》一）があるが、江戸っ子が「江戸は水の都」と実感できるのは、一石橋の上に立つときだった。

一石橋から西方、つまり江戸城や富士山の方向を眺めると、道三堀がのびていて、銭瓶《ぜにかめ》橋と道三橋が見える。その先の外濠には右手に常盤《ときわ》橋、左手に呉服《ごふく》橋、鍛冶《かじ》橋、後ろを振り返ると、東に日本橋と江戸橋、そして足元の一石橋を加えると、なんと八つの橋を見ることができた。

そのため一石橋は俗に「八《や》つ見《み》橋」といわれたほど。それだけ多くの川の流れも見えたわけである。

「一石橋」の名の由来がおもしろい。橋の北側に金座《きんざ》責任者（金改役）、後藤庄三郎《ごとうしょうざぶろう》の屋敷があり、南側に幕府御用達《ごようたし》呉服商、後藤縫之助《ぬいのすけ》の家があったので、後藤を「五斗《ごと》」にかけ、両家合わせて「一石になる」として名づけられたという。江戸の洒落《しゃれ》である。

歌川広重は『名所江戸百景』に「八ツ見のはし」と題して、鮮やかに夏の水辺の美しさを描いている。絵の左下に一石橋の欄干《らんかん》の一部、橋を渡る二人の人物が差している傘があり、その向こうに広がっているのは、ゆったりした川の流れと荷舟、四手網《よつであみ》で魚を捕っている舟などだ。

遠くの富士は、まだ残雪で白い。その手前には、外濠からつづく道三堀に架けられた銭瓶橋と道三橋。さらに右側の手前に描かれた柳は緑の若葉を繁らせ、藍色《あいいろ》の川面との調和が美しい。

空には二羽の燕《つばめ》が飛ぶ。なんとものびやかな江戸の川であり、空だ。

迷い子のしるべ石

しかし、いまの一石橋の上には首都高が走っているし、まわりはビルばかりだ。江戸っ子が見ていた水辺の情景は、どこにもない。

一石橋の南側に「迷い子のしるべ石」（東京都旧跡）が立っている。迷い子の特徴などを書いた紙を貼り、伝言板として使われていた。

第三章

神田川の上流と源流の井の頭池

●落合の清流と螢

江戸の大地をうるおしていた川の一筋は、はじめにも書いたように平川であった。

徳川家康が江戸に入ったころ、平川は太田道灌が築いた江戸城の東側を流れ、日比谷入江に注いでいた。河口があったのは、江戸前島のつけ根部分で、付近には上平川村、下平川村などがあった。河口につくられた港にも民家が多かった、といわれる。

現在、平川はないし、流れの痕跡を見つけることはむずかしい。

しかし、皇居東御苑の北側入口になっている平川門（千代田区）があるし、内濠には平川濠がある。平川という名称は残っているのだ。

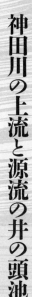

平川という川はないが、現在の神田川、日本橋の上流、あるいはその古名と考えられている。上流をさかのぼっていくと、井の頭池《いかしら》（三鷹市《みたか》）の湧水《ゆうすい》にたどりつく。

この湧水があふれて東へ流れていくのだが、途中で善福寺川《ぜんぷくじ》（杉並区）をはじめ、妙《みょう》

江戸城内濠

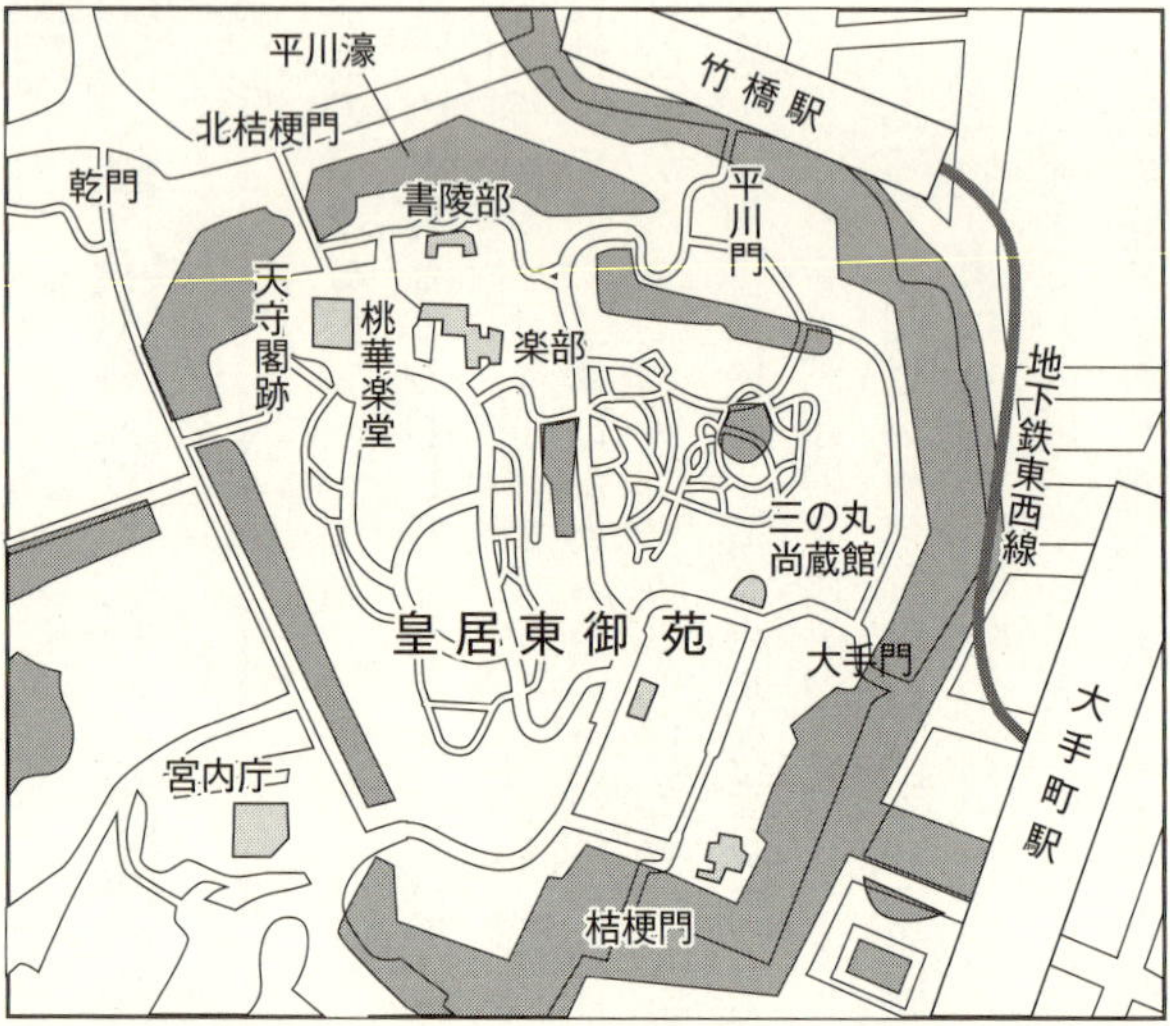

正寺《しょうじ》川（杉並区）などが落合《おちあい》（新宿区下落合）のあたりで合流した。「落合」という地名にしても、神田川と妙正寺川とが合流するところだったことにちなむ。

　江戸中期までは江戸郊外だったが、文政元年（一八一八）、御府内《ごふない》（江戸市中のこと）が拡大され、落合もこのなかに含まれることになった。

　とはいえ、当時の落合は、田畑が広がる農村地帯である。それだけに豊かな清流に恵まれ、螢《ほたる》の名所として有名だったから、江戸庶民もよく訪れた。『江戸名所図会《えどめいしょずえ》』に「落合螢《おちあいのほたる》」と題する絵がある。神田川の清流が描かれてい

『江戸名所図会 落合螢』

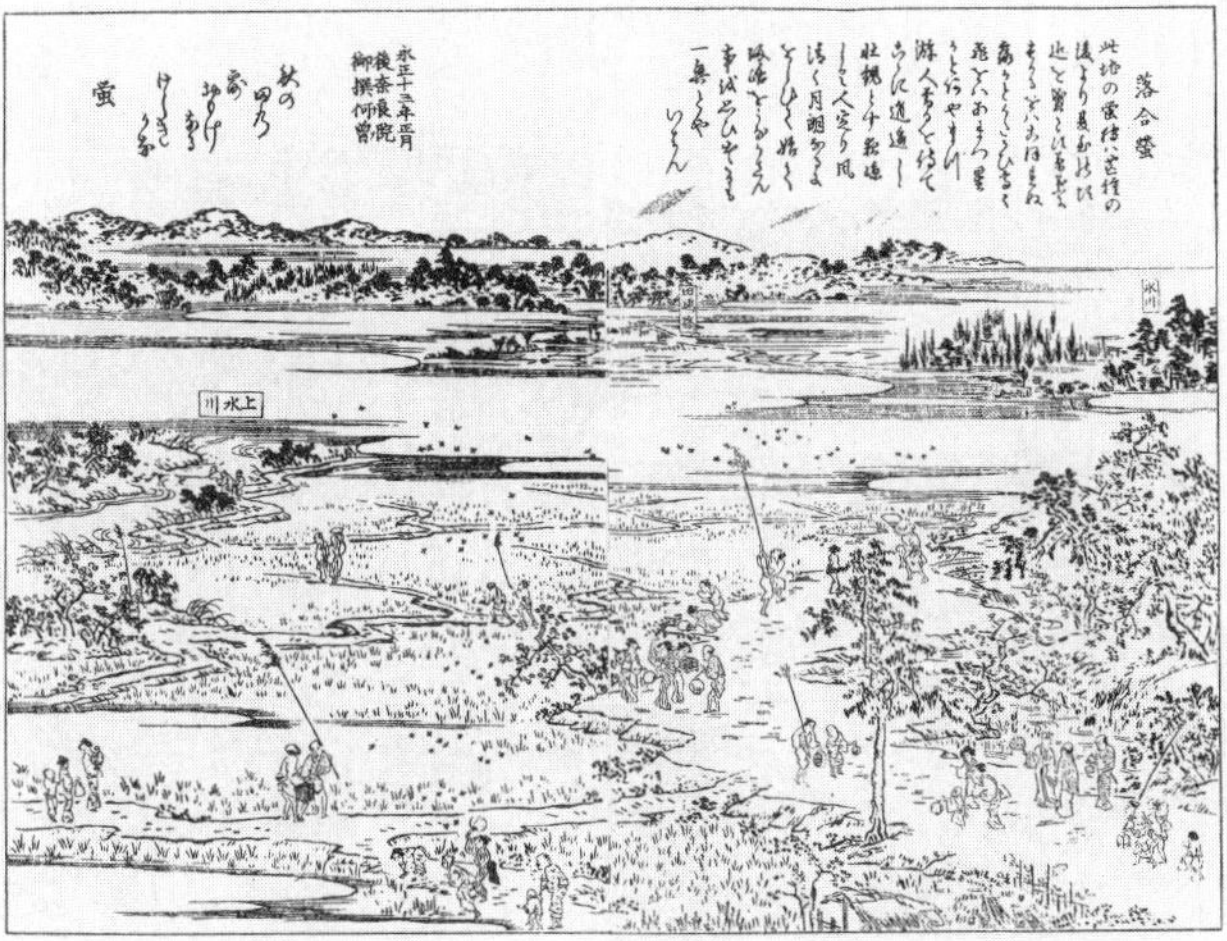

（国立国会図書館 所蔵）

るほか、広い道や田の畦道《あぜみち》のなかを、蛍狩りの家族連れなど多くの人びとが歩く姿がある。

提灯《ちょうちん》を手に持つ人や長い竹で螢を追う人、団扇《うちわ》でつかまえようとする人などさまざまだ。虫籠《むしかご》をぶら下げている人も見えるし、蛍狩りを楽しむ江戸庶民は多かったようだ。いまの落合からは想像もつかないが、江戸の落合は、神田川の水辺で楽しめる場所であった。

●浜町から井の頭池まで歩く

では、源流の井の頭池は、どのような状況だったのだろうか。

江戸時代にもぶらぶら歩くのが好きで、

江戸市中から井の頭池を見にいった男の記録があるので、それを見てみよう。御三卿《ごさんきょう》の一つ、清水《しみず》家に仕え、御広敷用人《おひろしきようにん》をつとめていた村尾嘉陵《むらおかりょう》という人物だが、あちこち歩き、記録の『嘉陵紀行』を残している。

江戸西郊の井の頭池（三鷹市）へ出かけたのは、文化十三年（一八一六）、五十七歳のことだ。

嘉陵は浜《はま》町（中央区日本橋浜町）に住んでいたが、九月十五日朝、巳《み》の刻《こく》（午前十時）すぎに屋敷を出発した。

市谷《いちがや》門（千代田区五番町）を通り、成子《なるこ》（新宿区西新宿六〜八）、中野《なかの》（中野区中野）を経て、堀《ほり》の内《うち》の妙法寺（杉並区堀ノ内三）に着いたときは、すでに午《うま》の刻（午後一時）をすぎていた。そこから南へ進み、小さな坂を下ると、あたりには田圃《たんぼ》が広がっていて、眺めはすばらしい。

嘉陵は世事を忘れ、のんびりと農村の素朴な美しさにひたりながら歩きつづける。

下高井戸《しもたかいど》村（杉並区下高井戸）、上高井戸村（杉並区上高井戸）、久我山《くがやま》村（杉並区久我山）などを歩いていくと、やがて田圃の先に井の頭上水（神田上水の源流の一つ）の細い流れが見えた。用心のために竹を折り、これで蝮《まむし》を打ち払いながら池にたどり着いた。

「池はそれほど大きくない。しかし、池につづいている葦《あし》と荻《おぎ》が生い茂っている沼地は広い。その葦や荻、茅《かや》、薄《すすき》などは、刈り除くこともせず、自然のままに放置してある。このため、池の水面が覆われて、水がほとんど見えない。だが、葦の奥や薄の陰には、おびただしい数の雁《がん》や鴨《かも》が群がっていた」

これが嘉陵の感想だった。まもなく帰途についたが、家に着いたのは四つ（午後十時）ごろになっていた。

嘉陵は天保十二年（一八四一）、八十二歳で没したが、この長寿も歩きつづけて健康を維持したからにちがいない。

第三章

石船や野菜船が利用した京橋川

●石船が利用する船入堀

いまの京橋（中央区）に川はないが、江戸のころ、京橋川が流れていた。

京橋川は外濠（鍛冶橋あたり）から東へ流れ、隅田川へ注ぐ。白魚橋《しらうお》（中央区京橋三）から下流を八丁堀《はっちょうぼり》といい、明治以降は桜川と称した。八丁堀のあたりで、北から南へ流れる水路と合流。八丁堀のところを境に北側を楓川《かえで》といい、南側を三十間堀と別の名で呼ばれていた。

京橋川が開削されたのは、慶長十九年（一六一四）のことだ。日本橋からつづく大通り（東海道）に接続して、京橋川に京橋が架けられた。日本橋の建造とほぼ同じ時期のことだった。日本橋から京へ向かうとき、最初に渡る橋というので京橋と名づけられた。

当時、日比谷入江を埋め立てて土地を増やす一方、江戸城の本格的な築城をはじめるため、外濠や船入堀を開削している。さらに東海道などの街道を整備した。

京橋川というのは江戸城の東方につくられた船入堀の一つだった。船入橋の北端は日本橋川で、そこから南端の京橋川までのあいだに九本の船入堀が掘られた。合計十一本になるが、狭い地域にこれほど多くの船入堀がつくられたのは、江戸城の築城工事が本格化するからだった。

建設資材のなかでもっとも重いのは、石垣などに用いる巨石である。石の産地は伊豆《いず》だが、重要な課題は、伊豆から切り出した築城用の巨石を船で運び、どのようにして陸揚げするのか、ということだ。

『慶長見聞集《けいちょうけんぶんしゅう》』によると、伊豆の山で切り出した石は、海岸に運んで積み重ねておく。海岸には突堤を築き、船を岩壁につけて石を積む。

このとき、船には神楽桟《かぐらさん》（縄で引っ張るロクロ）を取りつけ、大きな石を引っ張る。それと同時に、陸からも梃子《てこ》で押し込み、船に積んだという。いまでいえば、クレーンとジャッキを使うようなものだった。

伊豆の海岸には、三千隻《せき》もの石船《いしぶね》がやってきて石を運び出した。大きな石は「五十人持ち」とか、「百人持ち」などといわれたが、百人持ちの石は一隻の船に二個ずつ積み、月に二度、江戸と伊豆とのあいだを往復した。どれほど多くの石が江戸に運び込まれたかわからない。

これほど大きな石を陸揚げするには、その重さに耐え得る頑丈な桟橋《さんばし》か埠頭《ふとう》が必要となる。当時の技術はすぐれていたが、海へ突き出た頑丈な埠頭や桟橋をつくるのは、むずかしいことだった。

石をスムーズに陸揚げするには、石を積んだ船の甲板《かんぱん》と岸壁の高さを同じにすることが重要となる。そうした状態で石を水平に移動させ、陸へ揚げるためだ。

しかし、海岸を埋め立てた地域は地盤が弱く、そこに巨石を陸揚げすることの可能な岸壁を築くのはむずかしい。それでも重量に耐えられる頑丈な岸壁が必要だから、江戸前島の地盤のしっかりしたところを開削して水路をつくり、海の水を引き入れたのである。こうして巨石の陸揚げが可能になった。

京橋川を含む十一本の船入堀は、いずれも外濠まで掘られていた。つまり、十一本の船入堀は楓川から外濠まで貫通する流れだった。

その中間、日本橋から京橋まで通り町筋（東海道）が通っている。現在の中央通りだが、江戸時代には、それぞれの船入堀には橋が架けられ、人びとが往来するのにも不便なことはなかった。

京橋・八丁堀（日本橋の南側）

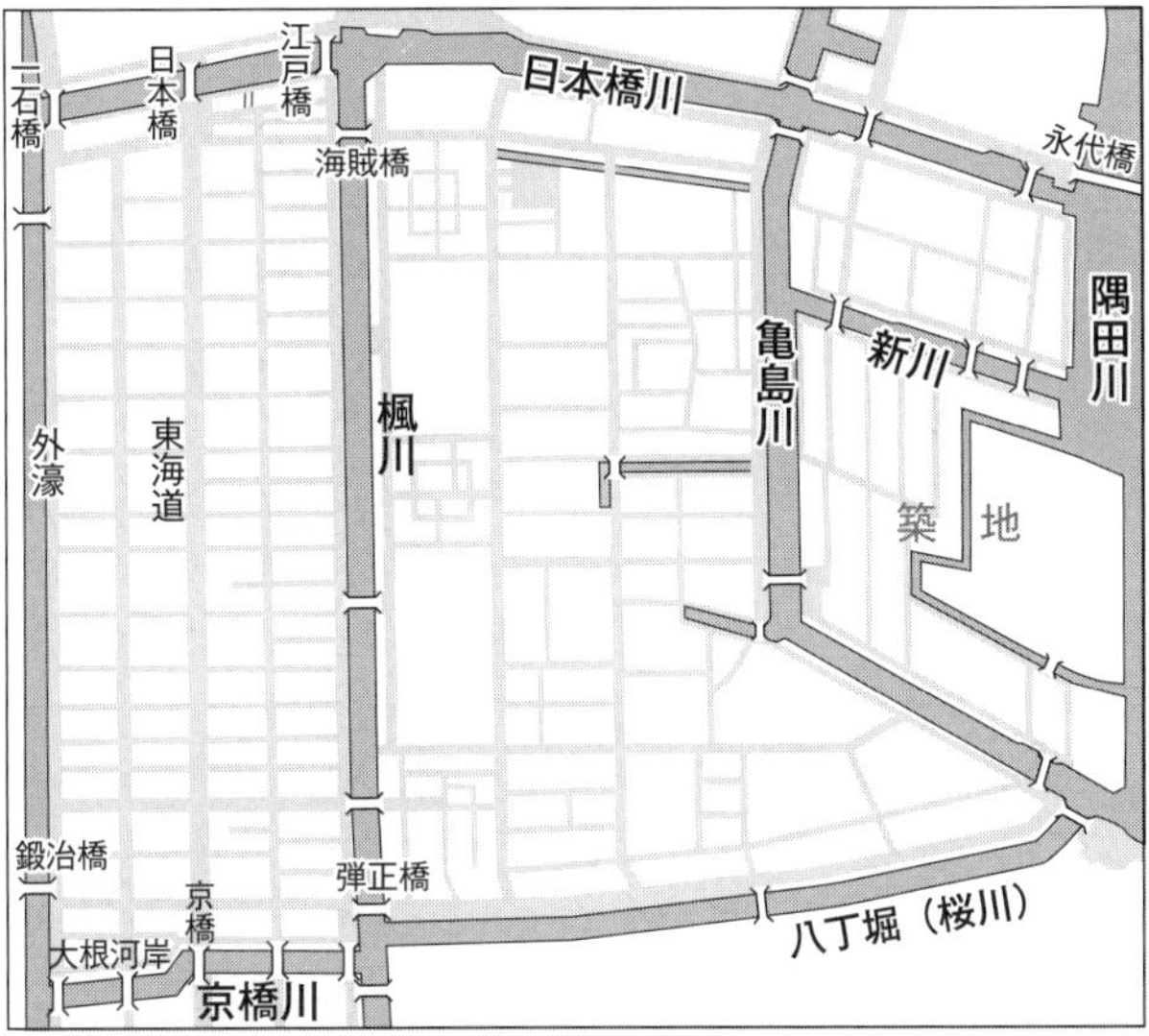

八丁堀舟入図

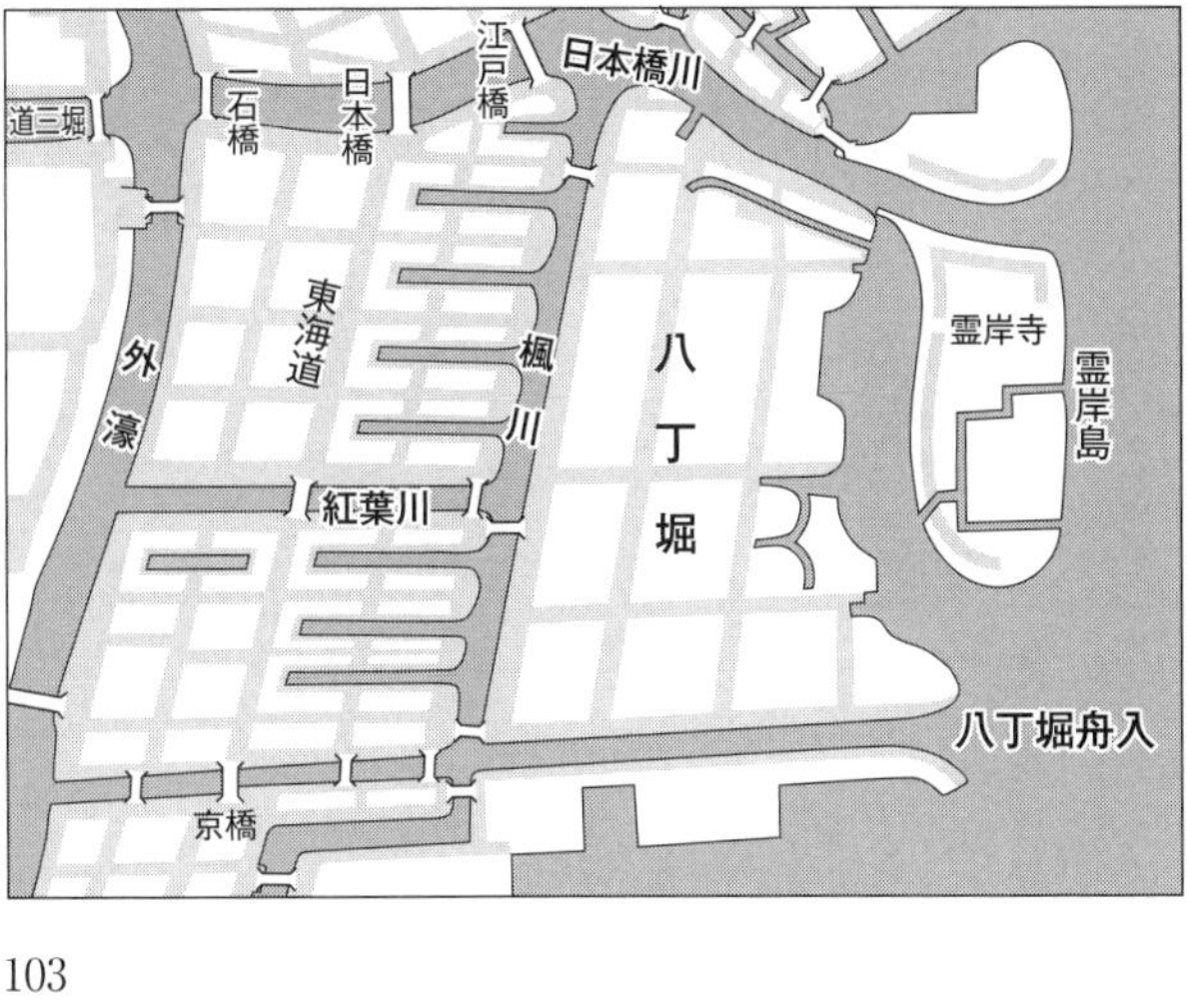

いずれにせよ、これらの船入堀には豊かな水流があり、石船が入ったり、出たりする。こうした水辺の眺めは、ほかでは見られない、江戸ならではのものだったろう。

●地名として残った「八丁堀」

京橋川の下流は八丁堀だが、これが開削されたのは寛永年間（一六二四〜四三）のこと。これも船入堀で、大量の建築資材は江戸湊《みなと》から八丁堀を経て日本橋川、あるいは楓川へと運ばれていく。

この八丁堀の名称は、堀の長さが海口から八町（約八百七十メートル）あったことにちなむ。江戸城の築城工事は、約七十年におよぶが、工事が終了すると八丁堀と周辺を埋め立てた。この広い造成地も八丁堀と呼ばれた。堀そのものはなくなったが、埋立地の通称として「八丁堀」の名は地名として残った。

当初、八丁堀は寺社地だったが、その後、寺社は浅草《あさくさ》に移転。八丁堀には町奉行所の与《よ》力《りき》や同心《どうしん》の組屋敷がつくられたため、彼らは「八丁堀の旦那《だんな》」といわれるようになった。テレビの時代劇や時代小説でおなじみだろう。屋敷の広さは、与力で二百五十坪から三百五十坪。冠木《かぶき》門をかまえた立派なものだった。同心は百坪だが、それでも広い。儒者《じゅしゃ》や医師、絵師などに空地を貸し、暮らしの足《た》しにしていた。

●大根河岸と竹河岸の賑わい

ところで、京橋川は、石船だけが利用していたわけではない。賑やかな商業地域である日本橋の西隣ということもあって、さまざまな商品の流通に利用され、日本橋とは異なる趣《おもむき》をつくり出していた。

京橋には日本橋のように魚河岸はないが、京橋独自の賑わいがあった。北詰西側の河岸は「大根河岸《だいこんがし》」（中央区京橋三）と呼ばれていた。大根を中心とした野菜の荷揚げ市場があったのだが、これは日本橋魚市場に対抗させて設けた野菜市場だった。

京橋北詰の東側には「竹《たけ》河岸」（中央区八重洲二）がある。安房《あわ》（千葉県南部）や下野《しもつけ》（栃木県）産の竹が集まり、取引されていた。

歌川広重も京橋川をゆく舟や岸辺に多くの竹を立てかけてある竹問屋を描いた。橋の上には、煤払《すすはら》い用の笹竹をかついだ人の姿も見える。竹河岸もそれなりに賑わっていたようだが、流れる川面はのんびりしたものだった。

明暦三年（一六五七）一月の明暦の大火では、京橋も焼け落ち、多数の犠牲者が出たと

明暦の大火と火除地

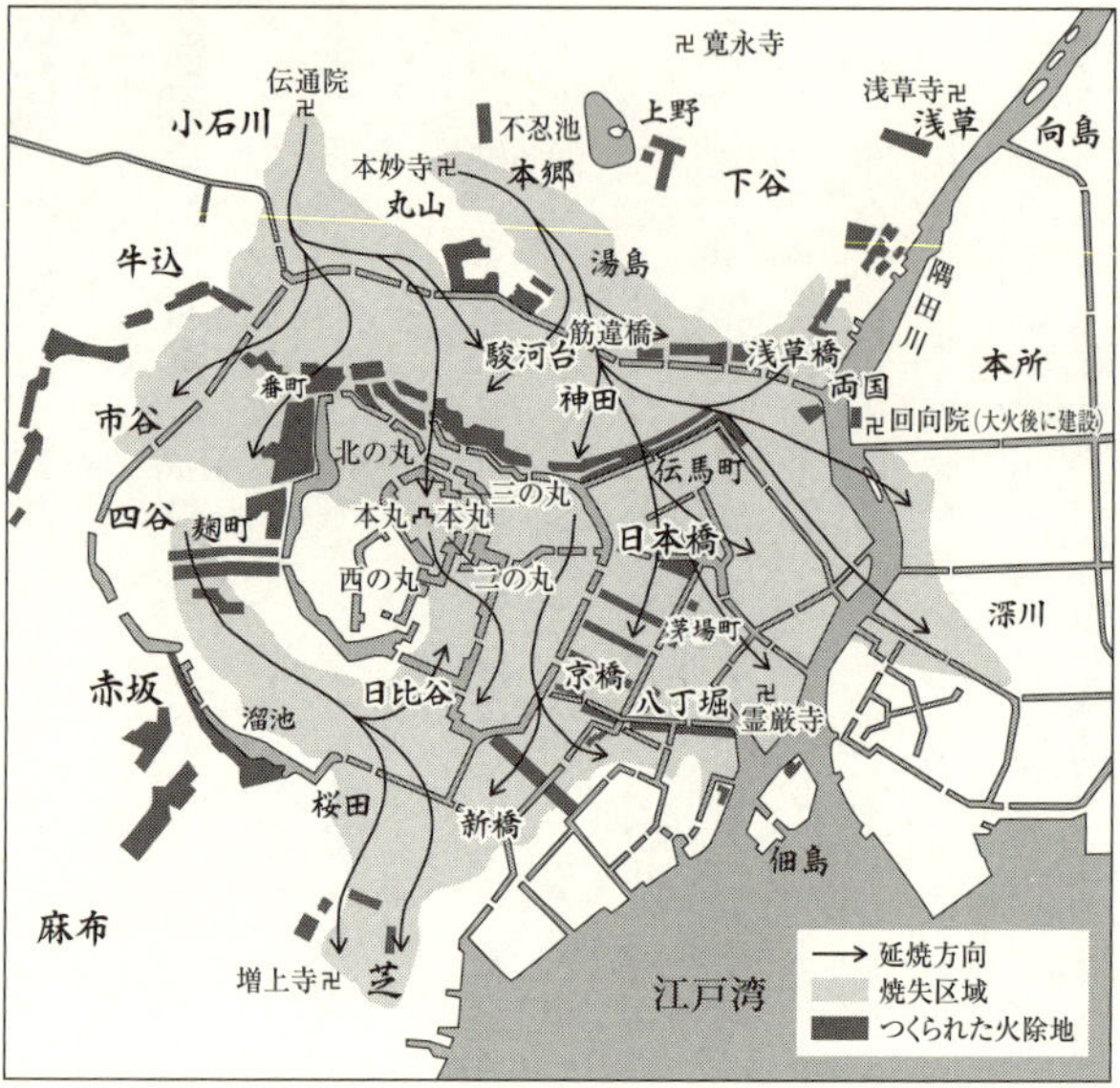

出典「江戸東京年表」大浜徹也·吉原健一郎（小学館）

伝えられる。

やがて、こうした水辺の風景も姿を消すことになる。江戸城の大規模な工事が終わると、これらの船入堀は一本ずつ埋め立てられたのである。元禄三年（一六九〇）に残っていたのは、日本橋川、紅葉《もみじ》川、京橋川の三本だけだった。

埋め立てられた跡地には、多くの住居が建てられた。さらに、東側の海を埋め立て、八丁堀埋立地が造成されている。そのとき、多くの船入堀があった地域と、新しく埋め立てて造成した八丁堀埋立地とのあいだに水路を残した。

第三章

物流を支えた川と河岸

●物流の拠点となった二本の堀留川

外濠から分かれて一石橋をくぐり、日本橋、江戸橋の下を流れる日本橋川は、やがて隅田川へ注ぐ。その途中、江戸橋付近に、北へ向かう二本の入舟堀があった。

江戸初期、川の幅を広げるとか、堀を開削するなどの工事が盛んだったが、それは舟の出入りを便利にするためだった。江戸橋付近にも慶長年間（一五九六〜一六一四）、東堀《ひがしほり》留《どめ》川と西堀留川が開削されている。この堀は堀留になっているが、堀留は文字通り堀のゆきどまりで、堀の北側には堀留町（中央区堀留町一〜二）があった。あたり一帯に掘割が多く、水運の便に恵まれているため、堀に面してさまざまな問屋の倉庫が並び、諸国物産の集散地として賑わった。

西堀留川は昭和三年（一九二八）、すべてが埋め立てられ、いまはその姿を見ることができない。現在の地名でいえば、西堀留川の跡は日本橋小舟《こふな》町と日本橋本《ほん》町一丁目の境にある、北へ向かう道路のあたりと考えられている。

江戸の西堀留川の西岸には、米河岸といって広い河岸地があったし、その西には伊勢《いせ》町(日本橋本町一〜二)、瀬戸物《せともの》町(日本橋室《むろ》町二、日本橋本町二)、東岸には小舟町(日本橋小舟町)が北から南へ三丁目までつづいていた。

西堀留川は道浄橋《どうじょうばし》のところで西へ曲がり、その先が堀留である。

小舟町一丁目の河岸は鰹《かつお》河岸、小舟河岸といい、二丁目は相物《あいもの》河岸といった。相物とは、塩魚などのこと。要するに、このあたりの河岸には鰹節や塩干魚《しおひざかな》などの問屋が多く、荷揚場として活気に満ちていた。

小舟町には、こんな逸話《いつわ》もある。村田春海《むらたはるみ》といえば、国学者で歌人としても有名だが、彼の生家は小舟町の干鰯《ほしか》問屋である。若いころから文学に熱中し、この道に進もうと思っていたのに、兄が急死。春海は、やむなく家業を継ぐ。

しかし、仕事を放り出して吉原《よしわら》通いをしたあげく、遊女の明山《あきやま》を妻としたが、遊蕩《ゆうとう》をくり返し、干鰯問屋をつぶしてしまったのだ。そうなって腹が決まったのだろう、逆境のなかで精進《しょうじん》を重ね、国学者、歌人として道をきわめたのである。

道浄橋のあたり一帯は伊勢町河岸(日本橋小舟町)と呼ばれ、その両側には白壁の倉庫が軒を連ねていた。

『江戸名所図会』にも「伊勢町河岸通」と題して紹介されている。絵は西堀留川が西へ曲がるあたりを描いたもので、手前にも堀を越した向こう岸にも白壁の倉庫が並んでいる。絵の左下には中の橋が描かれているが、渡ると米河岸だ。

西堀留川が曲がるところに架かっているのが道浄橋である。川面には多くの荷舟がいったり、きたりしている。

すべての倉庫からは、堀に面して桟橋が突き出ているが、ここに荷舟を横づけにして、物資を倉庫に運び込むのである。

道浄橋を渡ったところは、塩河岸だった。鰹節や海苔、魚の干物など海産物を扱う問屋が多い、だから足を踏み入れると、潮気がただよってくる、という場所だった。

米河岸は米問屋が多く、諸国から運ばれてくる米や穀物の荷揚場になっていた。井原西鶴《いはらさいかく》は『西鶴置土産《おきみやげ》』のなかで「伊勢町の大盃《たいはい》といへる大じん」と書いたが、江戸中期、この河岸の商人たちは裕福だったようだ。江戸の水辺は、このような物語も生み出した。

第三章

銀座界隈にもあった水の流れ

●銀座を貫流していた三十間堀

江戸前期、いまの銀座地区を南北に貫くように流れていたのは「三十間堀《さんじっけんぼり》」だった。堀の名称は、幅が三十間（約五十五メートル）あったことにちなむが、それにしても幅三十間の堀とは大きい。

このあたりは、もともと徳川家康《とくがわいえやす》が入国したころの海岸線だった。慶長十七年（一六一二）、東側の海を埋め立てたとき、埋め残して水路をつくった。幅が三十間あったので三十間堀川と名づけられたが、これだけの幅があれば大型の船も航行可能だった。

三十間堀は江戸城の東方、外濠とほぼ平行するように流れていた。外濠と三十間堀とのあいだには、日本橋を出発点とする東海道が京橋を経て、芝口橋《しばぐち》（新橋）へとつづく。

いま銀座をぶらぶら歩いても三十間堀に出合うことはない。残っているのは、三十間堀と汐留川との合流点だったところ（中央区銀座八）に設置されている説明板と護岸に用いられていた、という石だけである。

説明板によると、幕末には船宿が並び、屋形船や屋根船などさまざまな船が出入りし、繁昌していたという。幕末の銀座では、船遊びを楽しむこともできた。

『江戸名所図会』に「三ツ橋《みはし》」と題する川と橋の風景が描かれている。

三ツ橋とは、三十間堀に架かる真福寺《しんぷくじ》橋、楓川に架かる弾正《だんじょう》橋、京橋川に架かる白魚橋の三つの橋のこと（中央区銀座一から京橋三あたり）。川の合流点に橋が三つも接近していたので、「三ツ橋」の俗称が生じたらしい。

しかし、川は四本合流していた。三十間堀の北に楓川、西に京橋川、東は八丁堀である。京橋川は外濠からはじまるが、白魚橋の南詰に「白魚屋敷」（中央区銀座一）があった。

享保年間（一七一六〜三五）、このあたりの漁師たちが白魚役とされ、拝領した屋敷である。漁師たちは、江戸湾で捕った白魚などの小魚を将軍家に献上していたから、漁師たちの舟が盛んに出入りしていた。

さて京橋川の流れだが、白魚橋のところで一部が南下し、真福寺橋の南で西に折れ、ふたたび南へ流れていく。この水路が三十間堀のはじまりだった。その後、南へ紀伊国《きのくに》橋、新《あたら》シ橋、木挽《こびき》橋などの下を流れ、汐留川に合流する。京橋川は、八丁堀と名を変えさらに亀島川と合流して江戸湾（隅田川）に注ぐ。

三十間堀の西岸には、三十間堀町が一丁目から八丁目まであった。東岸には、木挽町が一丁目から七丁目までつづいて成立した。木挽町の名は江戸初期、江戸城工事などで働いていた木挽職人（大鋸《おおのこ》で木材を挽く職人）たちが多く住んでいたために生じたという。

●商店で賑わう尾張町の十字路

三十間堀の西側、大通り（東海道）に面して、尾張《おわり》町（中央区銀座五、六）があった。いまの中央通り、銀座四丁目と五丁目との境にある交差点は、昭和三十年（一九五五）代まで「尾張町の交差点」といわれていたが、この尾張町という町名は江戸初期にできた。

当時、このあたり一帯は日比谷入江といい、大きな入江になっていた。慶長八年（一六〇三）に埋め立て、市街地を造成したが、工事を担当したのが尾張藩（愛知県名古屋市）だったので、尾張町と名づけられた。

尾張町（銀座）の交差点からJR有楽町《ゆうらくちょう》駅へ向かうと、途中、数寄屋《すきや》橋があった。いま、この橋はないが、近くの数寄屋橋公園（中央区銀座五）に、その名が残っている。空前の大ヒットとなった菊田一夫作『君の名は』の舞台となった橋だ。

江戸時代には外濠があって、数寄屋橋門が設けられ、そこに数寄屋橋が架かっていた。名称は、橋の外にあった数寄屋町（中央区銀座五）にちなむ。町名の「数寄屋」は、もともとこのあたりに数寄屋坊主の居宅が多かったことに由来する。また、茶人の織田有楽斎《おだうらくさい》（信長《のぶなが》の弟）の屋敷があり、数寄屋風の茶室にちなむ、という説もある。

昭和三十九年（一九六四）、東京オリンピックが開かれたが、オリンピック開催準備のために高速道路をつくる必要があり、外濠が埋め立てられた。外濠とともに、数寄屋橋も姿を消した。あまりきれいな川ではなかったが、夜になると光が水面に映って、それなりに美しい眺めだった。

●築地の造成と築地川

江戸のころ、三十間堀の東側は海面を埋め立てた築地《つきじ》で、その先は海だった。佃島《つくだじま》はあったものの、いまの佃島、月島《つきしま》にくらべると、はるかに小さな島だし、前面の海は広びろとしていた。

築地は、むろん沼や海などを埋め立てて造成した土地のことだ。三十間堀の東方に埋立地が完成すると、埋立地を「築地」と総称するようになった。この築地を囲むようにして築地川が流れていた。

築地の造成計画が持ち上がったのは、明暦三年（一六五七）一月十八日から二十日にかけて大火災が江戸を襲い、大きな被害をもたらしたからだった。江戸城をはじめ、大名屋敷や商家、庶民の長屋など市街地の六割を焼き尽くしたほか、十万人を超す死者を出す大惨事となったのだ。

大火後の復興工事は、当然ながら大規模なものにならざるをえない。その一つが、三十間堀の東方に広がる海を埋め立てて、宅地を造成することだった。埋め立ては万治元年（一六五八）からはじまり、やがて「築地地区」ができた。

当時、新両替町《しんりょうがえ》（中央区銀座一）、銀座町（銀座二）、元数寄屋町（銀座五）、尾張町（銀座五〜六）、出雲町《いずも》（銀座七〜八）、加賀町《かが》（銀座七）、木挽町（銀座一〜八）など、さまざまな町のあった「銀座地区」だが、その境に海面の一部を埋め残して運河をつくった。

これが築地川である。当初、名称はなかったが、のちに築地のところを流れているので「築地川」と呼ぶようになったらしい。つまり、いまの銀座と築地との境に築地川が流れていたのだ。

銀座・築地

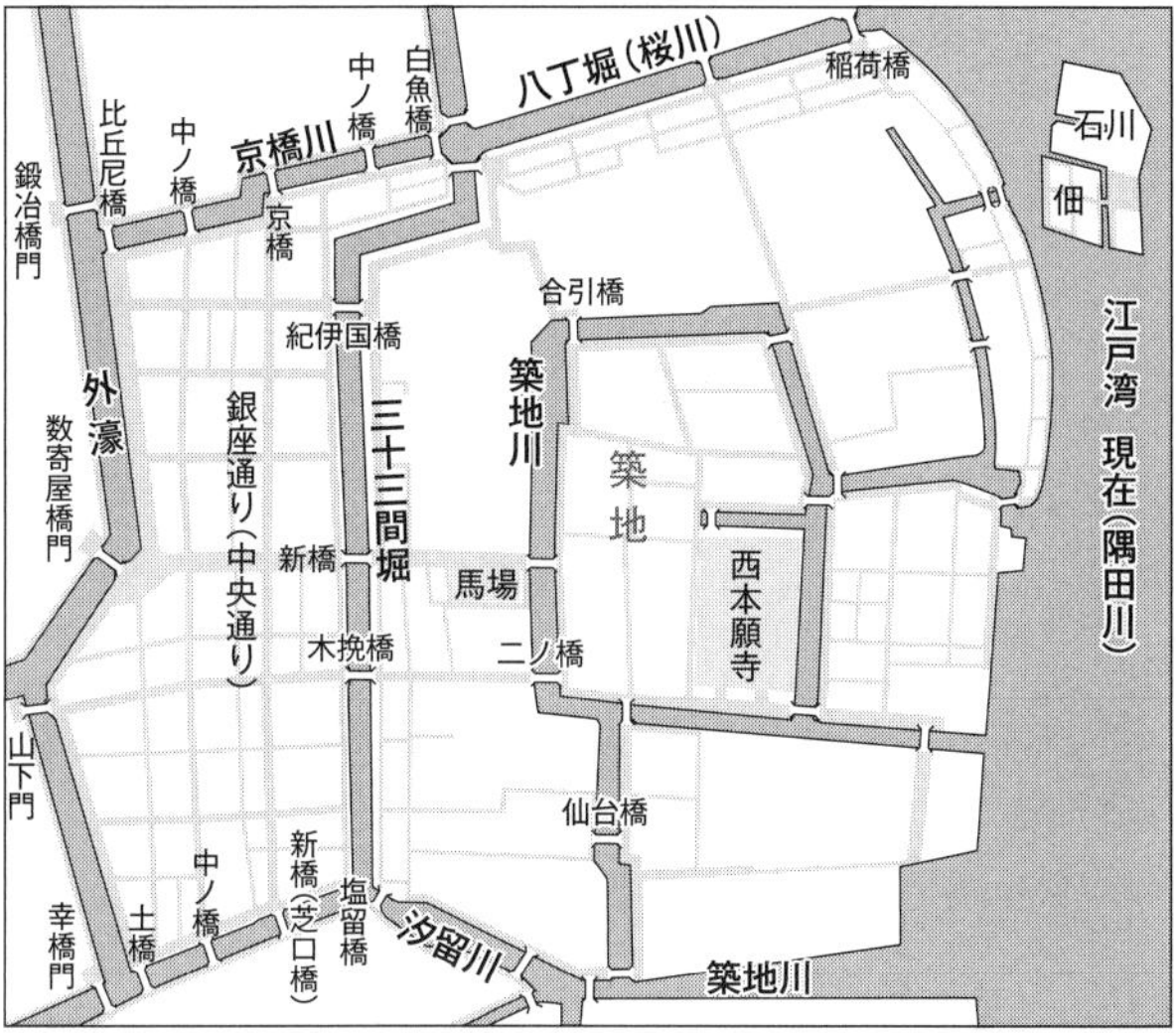

しかし、築地川は一つだけでなく、支流もあり、築地を取り囲むようにして流れていたともいえる。

おおまかにいうと、築地川は京橋川のあたりからはじまり、万年橋《まんねん》、采女橋《うねめ》などの下を流れ、浜御殿《はまごてん》（浜離宮庭園《はまりきゅう》）のところで汐留川と合流。そのあと、陸奥《むつ》国《のくに》白河《しらかわ》藩（福島県白河市）主松平定信《まつだいらさだのぶ》の下屋敷とのあいだを流れ、江戸湾へ注いでいた。

西本願寺《にしほんがんじ》（築地本願寺。中央区築地三）は当初、浜町（中央区東日本橋二〜三）にあったが、明暦三年の大火で焼失し、翌万治元年（一六五八）、新たに造成された築地に移った。三方を水に囲まれ、水際には石垣を組んであった。海にも近いし、まるで水に浮かんでいるように見えるが、実際、舟でやってくる参詣客が多かったようだ。

なお、現在の本堂は古代インド様式で、昭和十年（一九三五）に建てられた。

江戸時代の銀座地区には馬場があり、「采女ヶ原馬場」（中央区銀座五）と呼ばれていた。場所は、数寄屋橋門（千代田区有楽町二）から東へ大通り（晴海《はるみ》通り）を進み、三十間堀川の新し橋を渡る。さらに進めば、築地川の流れがあり、万年橋が架かっているが、馬場は、その手前南側にあった。

馬場が開設されたのは、享保十二年（一七二七）のことで、武士たちが馬を借り、乗馬の稽古に励むようになった。

馬場のまわりには土手《どて》があったが、その外側には、葭簀《よしず》張りの茶屋をはじめ、講釈師《こうしゃくし》や浄瑠璃《じょうるり》、小屋掛けの芝居や見世物などが並び、庶民を楽しませた。さらに楊弓場《ようきゅうば》もあったし、さざえの壺焼き、いなり鮨の屋台も出て、多くの人びとで賑《にぎ》わった。

現在の築地川は、浜離宮庭園の北側を流れる掘割にすぎないが、江戸時代の築地川はこれまで述べたように築地の各地を流れていた。いまの首都高速都心環状線のルートと重なるが、それというのも、首都高は築地川の水を抜き、その跡地に建設したからである。

第三章

渡し舟でいく佃島

●海を見にいく

築地地区の先にあるのは佃島（中央区佃一、二）である。いまは、佃島といっても佃島に石川島《いしかわ》、月島など、埋め立てが行なわれ、大きな島になった。しかも、佃大橋や勝鬨橋《かちどき》で結ばれているほか、地下鉄の都営大江戸線が通っているから、あまり島という実感はない。

江戸時代には、まぎれもなく江戸湾に浮かぶ小さな島だった。

ぶらぶら歩くのを趣味としていた十方庵敬順《じっぽうあんけいじゅん》という隠居がいて、『遊歴雑記《ゆうれきざっき》』を書き残している。もともと小日向《こひなた》水道端（文京区水道二）にある廓然寺《かくねん》の住職だったが、隠居したのを機に江戸市中をぶらぶら歩くのを楽しみとするようになった。

ただ歩くだけではない。携帯用のたたみ焜炉《こんろ》と煎茶《せんちゃ》道具を持参し、名所旧跡を訪ねては茶をたてて飲むのだ。これが楽しい。

あるとき、敬順は佃島へ出かけた。当時、佃島は隅田川河口の干潟《ひがた》にできた小さな島で、北隣には石川島がある。

いまのように橋がないので、築地鉄砲洲《てっぽうず》の渡し場（中央区湊三）から舟に乗って渡る。距離は一町《ちょう》（約百九メートル）ほど。佃島の広さは、西の渚《なぎさ》から東の渚までおよそ三町（約三百二十七メートル）、南北は二町（約二百十八メートル）ほどだった。

家の数は約二百戸。小路が縦横にのびており、ほとんどは漁師だが、商人や職人の家もある。すべて藁葺《わらぶ》きの家で、棟《むね》が低く、軒《のき》は長い。

「この島の風土は他国かと思われ、あたかも別世界のようだった」

これは敬順が島内を歩いてみた印象である。南の浜辺にもいってみたが、そこからは遠くに房総《ぼうそう》の山々がかすんで見えたし、近くは品川《しながわ》や神奈川《かながわ》、三浦《みうら》などが眺望できた。

海上を見ると、漁師たちが舟を漕ぎ、漁の最中だった。浜では、子どもたちがアサリやハマグリを拾っている。敬順にとっては、いずれも珍しい海岸の光景で気分がはずむ。

やがて敬順は、井戸のそばに腰をおろし、茶道具を取り出した。このようなところでこそ憩《いこ》い、楽しまなくてはと思いながら、井戸水を汲《く》み、煎茶《せんちゃ》を立てて口に含む。だが、水に塩分があるのか、茶にあわず、味はよくない。

『江戸名所図会 佃島 住吉明神社』

（国立国会図書館 所蔵）

それでも敬順は、近くにいた漁師に茶を勧めた。漁師はうまそうに飲み、ほめそやす。敬順は漁師を相手に世間話をしたり、海上の眺望に目をやったりして、しばらく楽しんだ。

自然にその情景が目に浮かぶ。いまでは味わうことのできない水辺の楽しみが、江戸にはあった。

『江戸名所図会』に「佃島」と題する絵がある。佃島を俯瞰《ふかん》したように描いており、佃島を囲む水面には、帆を下ろして停泊している船や帆を上げて進む船、さらに小さな荷舟や渡し舟など、おびただしい船が目につく。

はるか遠くに安房《あわ》（千葉県南部）や上《かず》

総《さ》（千葉県中央部）の山々が見える。

佃島へ渡るには、船松町《ふなまつ》（中央区湊三）の渡し場から舟に乗る。この渡し舟は昭和三十九年（一九六四）、佃大橋が完成するまで三百二十年もつづいた。

船松町の名は「船待ち」が転訛《てんか》したのではないか、といわれる。船松町の北隣は本湊町《ほんみなと》（中央区湊一〜三）だが、ここは諸国からの廻船《かいせん》が盛んに入港して賑わった。それゆえ「本湊」と自負したのだろう。

このあたり一帯は、海へ突き出たような形の砂洲だった。寛永年間（一六二四〜四四）ごろ、その形状から俗に「鉄砲洲」（中央区湊一〜三、明石町）と呼ばれていた。

●溜池を源流とする汐留川

汐留川《しおどめ》は、そのほとんどが埋め立てられ、現在、残っているのは、わずかに浜離宮庭園（浜御殿。中央区）の西側から南側にかけての流れだけである。

北側の水路は築地川というが、庭園の東南を流れ、東京湾に注ぐ。もっとも築地川の一部は、庭園の北端で汐留川と合流する。

浜御殿は、もともと三代将軍家光《いえみつ》の三男徳川綱重《つなしげ》の下屋敷だった。その後、将軍家の鷹《たか》狩《か》り場《ば》として使われたが、六代将軍家宣《いえのぶ》（綱重の子綱豊《つなとよ》）のころ、浜御殿とされた。回遊《かいゆう》式潮入庭園《しきしおいりていえん》だが、東京に現存する、じかに海水を引き入れた庭園として有名だ。国特別名勝・特別史跡に指定されている。

浜御殿あたりの海沿いには、江戸のころ、有名大名の上屋敷や下屋敷が多かった。それというのも海が近く、藩の物産取引に都合がよかったからだ。

江戸時代、汐留川は浜御殿の西側を流れ、浜御殿の西端からすぐ江戸湾に注いでいた。現在は、庭園の西南に埋立地（港区海岸一）が造成されたため、汐留川は庭園の西端で東南にまがり、隅田川に流れるようになった。いいかえれば、陸地が拡張され、隅田川が長くなった、ともいえる。

ところで、汐留川の源流は、一つは江戸の上水道としても使われていた溜池《ためいけ》（港区赤坂一〜三）であり、もう一つは江戸城の敷地内を流れる局沢《つぼねさわ》川などだった、と考えられている。

溜池は、すでに埋め立てられて現存しない。地名だけは交差点やバス停、地下鉄駅などに残っているが、江戸時代には上野の不忍池《しのばずのいけ》よりはるかに大きい溜池があった。一時は蓮《はす》の名所として知られ、岸辺には茶屋が立ち並び、多くの人びとで賑わった。

溜池は、江戸城の外濠に組み込まれたが、余った水は、外濠の虎ノ門《とらのもん》（港区虎ノ門一）、幸橋門《さいわいばしもん》（千代田区内幸町《うちさいわいちょう》一）を経て、土橋《どばし》（中央区銀座八）の下をくぐり、汐留川として流れていく。その後、浜御殿の周辺を流れて江戸湾に注いだ。

ところで「汐留」の名称は、江戸湾の海水が逆流し、溜池へ入り込むのを防ぐため、堰《せき》を設けてあったことにちなむ。

新橋のあたりには江戸時代、汐留川に面して芝口門《しばぐちもん》（中央区銀座八）があった。

ここには芝口橋（港区新橋）が架けられていたが、芝口橋は新橋ともいい、日本橋からはじまる日本橋通（東海道の一部）の南端にあたる。江戸の中心となる大通りから芝（港区）へ出るということで「芝口」と称したという。

この地に芝口門が造営されたのは、宝永七年（一七一〇）のこと。正徳元年（一七一一）に朝鮮通信使《ちょうせんつうしんし》（朝鮮国王が派遣した使節）の参府《さんぷ》があるというので、急遽《きゅうきょ》、東海道の入口として建造されたのである。芝高輪門《しばたかなわもん》（港区高輪二）も同時に造られた。

このあたりは日本橋地区などに比べて、開発が遅れていたため、みすぼらしい印象が強い。そこで、東海道の江戸入口らしく、威厳ある城門を、と計画された。江戸中期になって、汐留川に武骨な景観をつくり出してしまったわけである。

芝口橋の南詰から芝口町が一丁目から三丁目までつづいていたが、商家や茶屋などが多かった。

さらに東側、汐留川に面して、播磨龍野藩《はりまたつの》（兵庫県龍野市）脇坂家《わきさか》、陸奥仙台藩《むつせんだい》（宮城県仙台市）伊達家《だて》などの屋敷があった。西側にも豊後岡藩《ぶんごおか》（大分県竹田市《たけだ》）中川家《なかがわ》など大名の屋敷が目立つ地域だった。

芝口町三丁目から南へ、源助町《げんすけ》（港区新橋三〜四）、露月町《つゆづき》（西新橋四〜五）がつづく。

この西裏新道は、俗に「日蔭町通り《ひかげ》」といったが、それは大名屋敷が多く、日当たりが悪かったからだという。しかし、残念なことに芝口門は、享保九年（一七二四）の大火で焼失。その後、再建されることはなかったが、芝口橋（新橋）は、江戸入口として重要な役割を果たしてきた。

元禄三年（一六九〇）刊の江戸の地誌『増補江戸惣鹿子名所大全《ぞうほえどそうがのこめいしょたいぜん》』は、橋の周辺についてつぎのように記している。

「橋のあなたこなたに米屋、或は《あるい》薪木《たぎぎ》の商人あり。借船《かしぶね》いつもたえず」

芝口橋の川下にある汐留橋には船宿が多く、十三艘《そう》の借船があった。この船宿がのちに待合茶屋《まちあいじゃや》に発展したのだという。いずれにせよ、汐留川は、そうした水辺の移り変わりを見つづけていた。

汐留川は昭和三十九年（一九六四）、土橋から浜離宮入口のところまでが埋め立てられ、そのあとには高速道路（都心環状線）がつくられた。

築地川も現在、ほとんどの部分が埋め立てられ、同じように高速道路（都心環状線）になっている。

第四章　隅田川をめぐる江戸の暮らし

第四章

隅田川にあった米蔵や船宿

●渡し舟の運行

江戸庶民は、隅田川《すみだ》とともに暮らしていた。

春になると隅田川堤《つつみ》（墨堤《ぼくてい》）で花見を楽しみ、夏には納涼《のうりょう》と花火。秋には紅葉を愛《め》で、冬は雪見に出かけるなど季節ごとの風情を味わった。

もっともそれほど楽しむことができたのは、江戸中期から後期にかけてのことである。徳川家康《とくがわいえやす》が入国したとき、戦略上、隅田川を外濠《そとぼり》と考えていたため、橋を架けるのを許さなかった。

しかし、その後、天正十九年（一五九一）には、千住《せんじゅ》に青物市場《やっちゃば》（足立区千住河原町《かわら》）が開設され、川筋を利用した物流が盛んになる。そのため、文禄三年（一五九四）、千住大橋が架けられた。こうした状況だったから、舟で隅田川を横断するしかない。隅田川には多くの渡し場が設けられ、渡し舟が運航した。

隅田川をさかのぼると、西岸に幕府の米を貯蔵する米蔵があった。浅草御蔵《あさくさおくら》（台東区蔵前《くらまえ》一）と呼ばれ、五十万石の米が収蔵できた。

いまは「蔵前」という地名が残るだけだが、当時は米蔵の北端には「御厩河岸《おんまやがし》」があった。「御厩」という名は、米蔵の北、三好町《みよし》（蔵前二）に幕府の厩《うまや》があり、馬を飼っていたことにちなむ。

御厩河岸に渡し場が設けられたのは、元禄三年（一六九〇）のこと。明暦三年（一六五七）の大火後、本所《ほんじょ》の開発が進んだためだった。

渡し賃は一人二文《もん》（五十円）、馬も同じで一頭二文だった。武士は無料。渡し舟が八艘《そう》、船頭十四人、番人四人がいたという。利用客も多かったようだ。

渡し舟は、対岸の本所石原町《いしわら》（墨田区横網《よこづな》一～二、石原一～二、本所一～二）へ向かった。本所から浅草寺《せんそうじ》あたりの盛り場へいくには、渡し舟が便利。そのため、本所からも渡し舟がやってくる。

御厩河岸の渡しは「三途《さんず》の渡し」ともいわれていた。正式な渡し舟ではなかったが、明暦の大火で焼死した人びとの亡骸《なきがら》を、ここから船に乗せ、回向院《えこういん》（墨田区両国《りょうごく》二）へ運んだため、といわれる。

正式に渡し場が設けられたあとのことだが、利用客が多く、乗せすぎて舟が転覆する事故がしばしば起きた。これが「三途の渡し」の異名を生んだ、という説もある。いずれにしても、ぎゅうぎゅう詰めに乗せられては、短い時間とはいえ、隅田川の景色をのんびり楽しむ、というわけにはいかなかった。

●古い歴史を持つ橋場の渡し

御厩河岸の渡しから少しさかのぼると、駒形《こまがた》の渡し（台東区雷門《かみなりもん》二）があった。多田《ただの》薬師《やくし》（墨田区東駒形二）から駒形堂（台東区雷門二）のあいだを運航していた。

隅田川沿いの駒形町は、古くから馬頭観音《ばとうかんのん》を祀《まつ》る駒形堂（台東区雷門二）があったことにちなんで名づけられた。

また、駒形は、ほととぎすの啼声《なきごえ》に当てたものであり、「こまかた」とにごらないのが正しいという説もあるが、いまのところ駒形堂にちなむという説が通用している。

ここに駒形河岸があり、渡し場が設けられていた。浅草寺の入口近くだったこともあって、多田から舟に乗り、浅草寺参りに訪れる人が多かった。

この渡し場の少し川上には、竹《たけ》町の渡しがあった。渡し舟は浅草材木《ざいもく》町（台東区駒形二）

から対岸の中之郷竹町《なかのごうたけちょう》（台東区東駒形一）のあいだを運航していた。

さらにさかのぼると、山谷堀口《さんやぼりくち》に竹屋《たけや》の渡し（台東区浅草七）がある。山谷堀の船宿竹屋五郎《ごろう》が享和三年（一八〇三）にはじめたもので、三囲堤下《みめぐりつつみした》（墨田区向島《むこうじま》二）へ渡していた。竹屋は、もともと遊船宿《ゆうせん》で大川筋《おおかわすじ》の船遊びをはじめ、吉原《よしわら》帰りの客もよく利用したという。やがて繁昌し、天保二年（一八三一）には十二人の組合を結成。平日でも四艘の渡し舟が運航するほどだった。

今戸《いまど》に近い橋場《はしば》（台東区橋場二）にも渡しがあった。橋場というのは「橋があった場所」の意で、むかし隅田川に架けられた橋の跡があったという。

治承四年（一一八〇）、源 頼朝《みなもとのよりとも》は伊豆《いず》で旗揚げしたものの、敗れて安房《あわ》へ逃れる。だが、やがて力を養い、八万八千の大軍をひきいて鎌倉《かまくら》をめざす。墨田河《すみだがわ》（隅田川）を渡ろうとしたものの、上流で大雨が降ったため、川は増水して渡ることができない。

それを見かねた江戸太郎重長《えどたろうしげなが》は、三千艘もの舟を集めると、これを列《つら》ねて舟橋をつくり、頼朝の大軍を渡してやったのだ。

橋場の渡しは、橋場から対岸の寺嶋村《てらしま》（墨田区堤通《つつみどおり》一）へ渡した。寺嶋の人びとは「橋場の渡し」といい、橋場側では「寺嶋の渡し」と呼んでいた。

隅田川には十五ほどの渡しがあったが、なかでももっとも古い歴史をもつのは、この橋場の渡しとされる。

●在原業平が歌を詠んだ隅田川沿岸

さらに上流には「水神《すいじん》の渡し」という渡しがあった。

水神とは、隅田川神社（墨田区堤通二）のこと。創建は定かではないが、源頼朝が社殿を造営したといわれる。

慶長年間（一五九六～一六一四）、水害から守るため、大規模な堤を築くとき、付近の民家を堤の内側に移したという。水神の社には樹木が茂り、水神の森と呼ばれていた。

むかしは、社地を「言問岡《こととといのおか》」とも称したが、これは在原業平《ありわらのなりひら》に由来するという。業平は、清和《せいわ》天皇の皇后高子《こうし》を誘惑した罪で都を追われる。業平はやむなく東国へ下り、隅田川を渡って歌を詠む。

「名にし負はばいざ言問はむ都鳥《みやこどり》　我が思ふ人は有りやなしやと」

この歌を詠んだのは、水神のあたりだったという。

なお、昭和五十七年（一九八二）には白鬚《しらひげ》地区防災拠点に指定されている。

再開発が進められた結果、十八棟の高層都営住宅が完成。隅田川とのあいだに避難広場が整備されたが、このため水神（隅田川神社）は、木母寺《もくぼじ》（墨田区堤通二）とともに旧地から百メートルほど南西に移動した。

●隅田川は荒川の下流だった

現在の隅田川は、岩淵《いわぶち》水門（北区志茂《しも》五）で荒《あら》川から分かれ、くねくね曲がりながら東へ進み、南千住のあたりで南下し、東京湾へそそいでいる。

したがって隅田川は岩淵水門からはじまり、東京湾の浜離宮《はまりきゅう》庭園のあたりまでということになる。長さは二十三・五キロだ。もっとも一般的には鐘《かね》ヶ淵《ぶち》（墨田区）から河口までをいうことが多い。いずれにせよ、東京では有数の大きな川である。

ところが、もともとは秩父《ちちぶ》の西部にそびえる甲武信《こぶし》ヶ岳《がたけ》（標高二千四百七十五メートル）を水源とする荒川の下流で、隅田川というのは千住あたりからの呼称だった。

つまり、隅田川というのは、荒川の下流の呼び名だったのである。

しかも、古くは墨田川、角田川などと書いた。また、地域によっても呼び名が変わる。

たとえば、吾妻《あづま》橋から下流を大川といい、とくに西岸一帯を大川端《ばた》と呼んだ。

荒川放水路

さらに千住川、宮戸《みやと》川、浅草川など、地域的な呼称もあった。

江戸時代には、ほかの川もそうだったが、隅田川はたびたび氾濫《はんらん》し、沿岸地域はそのたびに被害に苦しめられた。明治になっても、こうした水害はつづいた。

明治四十三年（一九一〇）八月八日には、東日本一帯が豪雨に襲われて大洪水が起こり、四十四万戸の家屋が浸水した。

その二日後、八月十日には荒川と利根《とね》川の堤防が決壊し、沿岸の広い地域が水びたしになったのである。

この結果、翌十一日にかけて、東京市内だけを見ても十二万戸が浸水する、という被害が出た。

これを機に荒川の水量を調節して水害を防ぐため、

岩淵水門 周辺略図

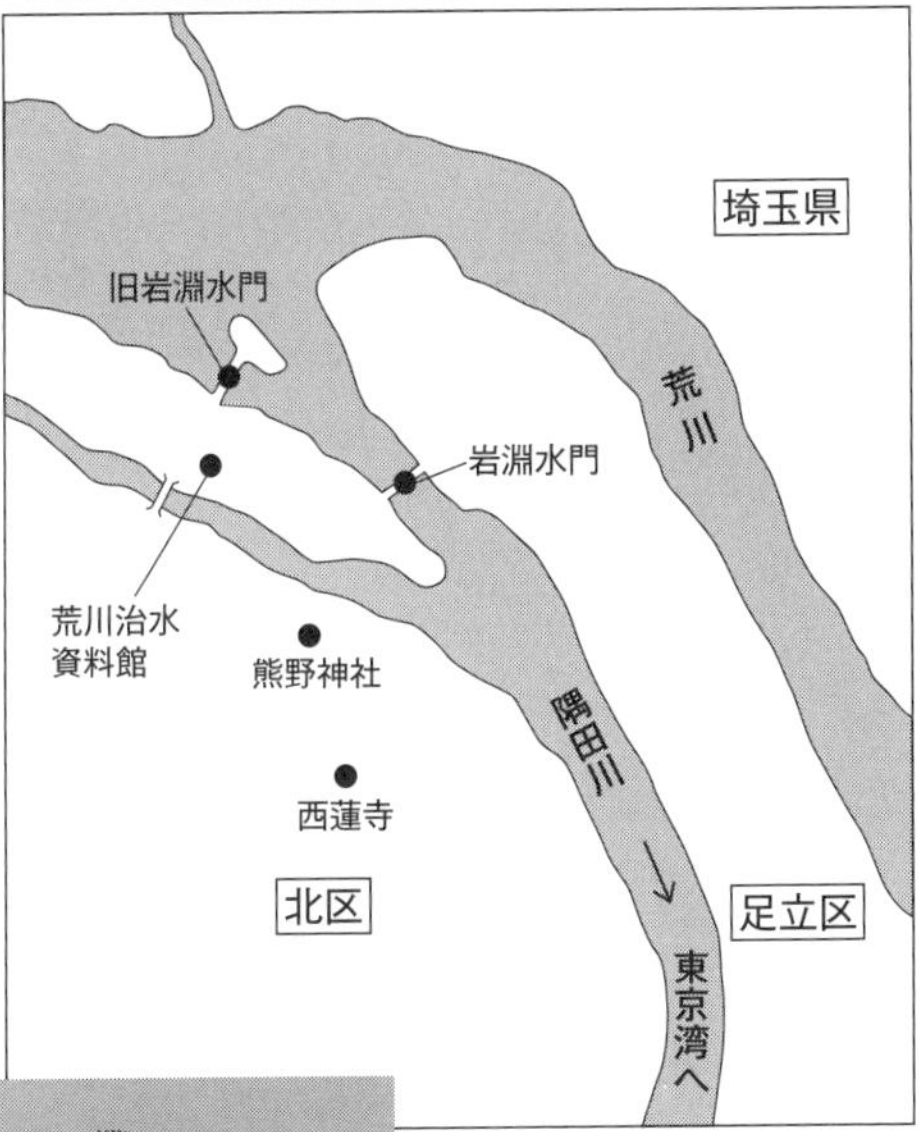

旧岩淵水門

新たに建設されたのが「荒川放水路」である。

岩淵から現在の足立区や江戸川区を分断するよう開削《かいさく》されたが、河川敷の幅は広く、五百メートルにおよぶ。荒川放水路は大正十三年（一九二四）に完成。それ以来、隅田川の洪水はなくなった。

荒川放水路の完成時、分岐点に岩淵水門が建設され、分岐点から下流が隅田川になったわけである。

その後、昭和四十年（一八六五）、荒川放水路の名称が荒川となると同時に、下流の隅田川は正式名称とされた。

岩淵水門は老朽化が進んだこともあって、昭和五十七年（一九八二）、大規模な水門が新設された。旧水門を「赤水門」、新水門は「青水門」と称しているが、それは塗装の色による。

第四章

江戸庶民の水辺の楽しみ

●弁当持参で花見の宴

江戸の人びとは桜の季節になると、東岸の隅田川堤（墨堤）にやってきた。『東都歳時記《とうとさいじき》』は「弥生《やよい》（三月）のころは、長堤に桜の花がすきまなく咲き、江戸の人びとは毎日、大勢でやってきて、桜の木の下で宴会をして舞い歌って、家へ帰るのを忘れてしまう」と書いている。

この地の桜は享保年間（一七一六～三五）、八代将軍吉宗《よしむね》によって、常陸《ひたち》の桜川《さくら》（茨城県水戸《みと》市）や大和《やまと》の吉野《よしの》山（奈良県中部）から移植したのがはじまりだ。

やがて隅田川堤は、桜の名所として江戸中に知れ渡った。神田や日本橋の住民は、歩いて墨堤に向かったが、船で出かける人もいた。柳橋《やなぎばし》あたりの船宿から屋根船に乗り込み、隅田川をさかのぼって向島から堤にあがり、いまが盛りの桜を見物したのである。

庶民の花見が盛んになり、町内や長屋ぐるみで花見に出かけるようになったのは、文化・

『江戸名所図会 隅田川堤春景』

（国立国会図書館 所蔵）

文政（一八〇四〜三〇）のころ。長屋住まいの連中が声をかけ、誘いあって、前夜から弁当の支度《したく》をした。花見の弁当といってもにぎり飯だし、それに煮しめや卵焼きがあれば十分だった。

『江戸名所図会《えどめいしょずえ》』には「隅田川《すみだがわ》堤《つつみ》春《しゅん》景《けい》」と題して、花見の様子が描かれている。

絵の手前に大きく描かれているのは、到着した商家の一行が花見の場所を決めたのだろう。若い衆が敷物や弁当などの荷を解いているところだ。

主人はキセル（煙管）をくわえながら、あたりの桜を見ているし、奥方や女たちは夢中になってなにかを話しているらしい。これから敷物を広げ、弁当を並べ、花見の宴がはじまる。むろん、柄樽《えだる》も持ってきた。そのむこうには子どもから若い女たちまでの華やかな一行だ。おそらく吉原《よしわら》の禿《かむろ》（遊女《ゆうじょ》の用を足す幼女）たちが、気晴らしにと連れてこられたのだろう。

当時、三味線や踊りの師匠が門下の少女たちを引き連れて花見に出かけるのが流行していた。花見を楽しむだけでなく、多くの花見客に見てもらおうと、花の下で歌ったり踊ったりしてみせたのである。

嘉永四年（一八五一）三月のことだが、墨堤に二千人分の弁当を長持《ながもち》十五棹《さお》に入れて運ばせ、花見の宴を開いた者がいたというからおどろく。佐内町《さないちょう》（中央区日本橋一〜二）の手習《てならい》師匠柳花堂《りゅうかどう》が主催したもので、その名を大書した幟《のぼり》を目印に掲げていた。江戸中の評判になったといわれる。

江戸の人びとは、こうして墨堤を訪れ、花の下で浮き立つ気分を楽しんだ。

●日本堤に沿って流れる山谷堀

隅田川へ流れ込む堀はいくつかあるが、もっとも知られていたのは山谷堀《さんやぼり》だった。

これは音無川《おとなしがわ》（石神井川《しゃくじいがわ》）の末流で、三ノ輪《みのわ》の浄閑寺《じょうかんじ》（荒川区南千住二）のところで二流に分かれていた。

その一つが山谷堀といい、日本堤という土手もあった。いずれも姿を消したが山谷堀跡の一部に水路を設けた公園がある。

浄閑寺は安政二年（一八五五）、江戸を襲った大地震で命を落とした吉原遊廓《ゆうかく》の多数の遊女たちを葬っている。永井荷風《ながいかふう》が遊女たちに同情し、よく通ったことから荷風の文学碑がある。

浄閑寺のところで分かれたもう一つの流れは、思川《おもい》として東へ流れ、そのまま隅田川へ流れ込んでいた。すでに埋め立てられて、その痕跡はないが、おそらく現在の明治通りに重なっていたかもしれない。

もともと隅田川西岸のこのあたりは、武蔵野《むさしの》台地（山手《やまて》台地）が荒川《あら》（隅田川）に長い年月をかけて浸食されてきた。

現在、沿岸あたりはほんの少し高くなっているが、それは長いあいだの浸食にようやく持ち堪えて残った台地の痕跡のようなものだ。

『江戸名所図会』に「山谷堀 今戸橋 慶養寺《けいようじ》」と題して、山谷堀周辺の水辺の様子を描いている。

山谷堀から待乳山を望む（明治中期）

（国立国会図書館 所蔵）

絵の手前、左右に隅田川が描かれ、左斜め上方に山谷堀の流れがある。隅田川に近いところに今戸橋があるが、その上流に船溜りがあって、多くの船が舫《もや》っていた。

この周辺には、船宿が多い。しかし、ほとんどは出合茶屋《であいぢゃや》だったという。

先に隅田川の沿岸はやや高くなっていると書いたが、内陸部は低地が多い。そこで屋敷の周囲には、護岸のために無数の木杭を打ち込んでいた。

日本堤は山谷堀に沿って吉原遊廓までつづいていた。

吉原への遊客は山谷堀口まで船を使い、そのあと日本堤を駕籠《かご》に乗って吉原へ向かう。むろん、浅草から日本堤の土手道を歩く客も少なくない。

浅草寺の北方、隅田川西岸に待乳山《まっちやま》（浅草七）という小さい丘がある。高さは三、四丈《じょう》（九～十二メートル）だが、古くは松が茂る大きな山だったという。

真土山とも書くが、これは沖積土ではない本来の土、という意味である。山手台地と地質的につながっている。

日本堤は、水害から守るための堤防として造成された。

江戸後期には、土手の上を歩いたり、駕籠に乗って吉原へ向かう人びとが多くなった。そのため土手の路肩には葦簀《よしず》張りの茶屋が連なっていた。土手道は広く、頑丈な造りだったようだ。

第四章

船遊びと職人の仕事場

●三股が船遊びの人気スポット

江戸の人びとは夏になると、涼《りょう》を求めて隅田川での船遊びを楽しんだ。川面《かわも》を渡る涼風に当たりながらの花火見物は気分が爽快になる。

寛文二年（一六六二）刊の『江戸名所記《えどめいしょき》』は、船遊びの人気スポットとして三股《みつまた》（中央区日本橋箱崎町《はこざきちょう》）を紹介している。当時は、まだ架けられていないが、新大橋の下流にあった。

近くには寄洲《よりす》（中洲）があり、葦《あし》が生い茂っていた。寛文年間（一六六一〜七二）のころ、船で三股あたりまでくると、はるか遠くに安房（千葉県南部）、上総（千葉県中央部）の山々が見えた。南西を見ると富士山を望むこともできた。三股は、絶景が楽しめる場所だった。

『江戸名所記』によれば、八月十五日の夜、仲秋《ちゅうしゅう》の名月を見るために、大名や商人などさまざまな人びとが三股へ船を出したという。

ただ静かに観月するだけではない。船に幕を張り、笛や太鼓、三味線などで賑やかにうたった。名月の光に誘われて、遊興にふけっていたわけである。

三股の名称は、隅田川の流れが中洲とその下流につくられた埋立地、箱崎によって二股に分かれたが、本流の隅田川を加えて三股にしたらしい。

万治二年（一六五九）に両国《りょうごく》橋が建造されると、船遊びの人気スポットは両国橋あたりに移っていった。

歌人の戸田茂睡《とだもすい》は天和三年（一六八三）にまとめた『紫《むらさき》の一本《ひともと》』につぎのように書いている。

「引き潮に船が流れるのにまかせて踊る船もあるし、差し潮に（上げ潮）艪《ろ》を立てて踊る船もある。その踊りを見物するために出る船もあるし、月を見るとか、涼みに出る船もあった。さらに餅《もち》売りや饅頭《まんじゅう》売り、田楽煮《でんがくに》売り、肴《さかな》売りのほか、冷水、冷麦、冷し瓜、蕎麦切りなどを売りにくる小舟も多い。また、花火船を寄び寄せ、花火をあげさせたりする」

なんとも賑《にぎ》やかで、心はずむ隅田川の船遊びだった。

●隅田川に架けられた五つの橋

江戸時代、隅田川には橋が五つしかなかった。第一号は千住《せんじゅ》大橋で、文禄三年（一五九四）に架けられている。

そのあと、万治二年（一六五九）に両国橋が建造された。明暦三年（一六五七）の大火のとき、多くの江戸庶民が隅田川で逃げ場を失い、焼死したり、溺死したりした。幕府はその反省から防災対策として両国橋を架けたのである。

ついで元禄六年（一六九三）に新大橋ができた。両国橋は当初「大橋」と呼ばれていたため、新大橋の名がついた。松尾芭蕉《まつおばしょう》がその新大橋を詠《よ》んだ句がある。

「ありがたやいただいて踏む橋の霜」

「初雪やかけかかりたる橋の上」

当時の新大橋は、いまの橋より百メートルほど上流に架けられていた。「おくのほそ道」の旅を終えた芭蕉は京都や大津《おおつ》をめぐり、元禄五年（一六九二）五月中旬、江戸に姿を現し、深川《ふかがわ》の芭蕉庵（第三次）に入った。新大橋はそのすぐ近くである。

つぎに架けられたのは永代《えいたい》橋。元禄十一年（一六九八）に完成した。この橋がないときは渡し舟で、「深川の大渡し」と呼ばれていた。

当時、上野寛永寺《うえのかんえいじ》の根本中堂《こんぽんちゅうどう》などの造営があったが、永代橋は、その余材で建造された。大型の廻船《かいせん》を通行させるため、橋桁《はしげた》を高くしたが、そのせいで人びとは橋を渡るのに難儀《なんぎ》した。

晴れた日の眺めは抜群で、富士山や筑波山《つくばさん》などを楽しむことができた。

五つめの橋は、安永三年（一七七四）に架けられた吾妻橋《あづま》である。

「竹町の渡し」があった場所で、当初は大川橋と称した。このあたりの隅田川は川幅が広いから、橋は長い。

広重の『名所江戸百景《めいしょえどひゃっけい》』には、ゴッホが模写したという「大はしあたけの夕立」と題する絵がある。

夕立のなか、橋の上を走る人びと。川面には筏《いかだ》が一艘。空は不気味なほどの暗さだが、隅田川にもこのような日もあった。『江戸名所図会』にも「大川橋」という絵がある。こちらのほうは、おだやかな隅田川と大川橋だ。川面には舟が多い。絵の左側には、今戸橋や真土山の森が見える。

隅田川にこうした橋が架けられ、人びとの往来が盛んになったし、水辺の光景も変化してきた。

『名所江戸百景 大はしあたけの夕立』（歌川広重）

（国立国会図書館 所蔵）

●焼物・紙漉・銭などの工場も

隅田川の西岸にはさまざまな職人が住み、仕事をしていた。

たとえば、今戸町（台東区今戸一、二）には焼物の職人が多かった。瓦や火鉢、土器、人形、招き猫など、さまざまなものを焼いたが、これらは今戸焼と称し、江戸名物の一つだった。窯《かま》から立ちのぼる煙が焼物の町であることを物語っていた。

山谷堀周辺には、紙漉《かみすき》業者も多かった。故紙《こし》を再生したものだが、浅草紙と呼ばれてよく売れたらしい。

作業は、まず故紙を煮る。これを冷やしてから新しく紙を漉くのだが、冷やしているあいだは、なにもすることがない。そこで職人たちは、紙が冷えるまで吉原へぶらぶらと歩いた。別に登楼《とうろう》するわけではない。張見世《はりみせ》の遊女たちを見るだけだが、ここから「ひやかす」ということばが生じたという。

今戸町の北側に銭座《ぜにざ》（今戸二）があり、銭（銅貨）を鋳造《ちゅうぞう》していた。天保六年（一八三五）には、小判のような楕円形の銅貨（額面百文）が発行されたが、これは今戸の銭座で鋳造された。

隅田川の沿岸は、すべて手仕事だが、このような工業地帯でもあった。

第五章

石神井川から滝野川、そして音無川へ

第五章 武蔵野からくねくね流れて隅田川へ

●石神井川の源流

江戸北郊を西から東へと流れる石神井川《しゃくじいがわ》。壮大な流れといいたいところだが、さほど大きな川とはいえない。しかし、武蔵野《むさしの》から隅田川《すみだ》へいたるのだから長い川だ。ゆるやかに流れているかと思えば、ときには激流になって小さな滝をいくつもつくり出す。

豊かな水は、農村を潤し、さまざまな作物を育てる。水車の動力にもなる。変化に富む渓谷の美しさは、人びとを楽しませた。

川の名は石神井川だが、その源流は石神井（練馬区石神井町など）のもっと西、小金井《こがねい》（小金井市）あたり、とされている。

もともと武蔵野台地には小さな谷がいくつも刻まれていたが、台地の湧き水が谷に集まり、流れ出す。これが石神井川のはじまり、と考えられている。

むろん、練馬にも湧き水のあふれる谷がいくつもあった。この水がたまって池ができる

石神井公園内の湧き水

など、水が豊かな地域だったのである。三宝寺池《さんぽうじ》（練馬区石神井台一）や石神井池（石神井町五）は、そのようにしてできた池だ。

小金井あたりからはじまった石神井川は、東へ流れはじめると、さらに三宝寺池、石神井池の湧き水と合流。武蔵野台地の谷や低地を蛇行しながら、東へと流れていた。

それにしても「石神井」というのは、不思議な名である。『新編《しんぺん》武蔵《むさし》風土《ふど》記稿《きこう》』にはつぎのように書かれている。

「往古《おうこ》、村内三宝寺池より石剣出しかば、里人《さとびと》一社を営み、それを神体《しんたい》とし、石神井社と崇《あが》め奉《たてまつ》れるより、神号《しんごう》をもって村名とせし」

つまり、石の剣が出てきたので、これを石神として祀《まつ》った。そこで、この地を「石神井」と称するようになった、というのである。

●三宝寺池の沼沢植物群は国の天然記念物

三宝寺池は石神井川の水源の一つだが、周囲に住む人びとにとっても重要な池だった。『江戸名所図会《えどめいしょずえ》』に、つぎのように記されている。

「この池、冬温かに夏冷かなり。洪水に溢《あふ》れず、旱魃《かんばつ》に涸《か》れず、蕩々汗々《とうとうかんかん》として数十村の耕田を浸漑《しんがい》し」

また、『新編武蔵風土記稿』には、このようにある。

「池、三宝寺の側にあるをもって三宝寺池と称す。石神井川の水元なり。古くは大きさ四、五丁《ちょう》余もありしが、漸《よう》く狭《せば》まりて今は東西六十間《けん》余、南北五十間余となれり。水面清冷にして、多摩《たま》郡遅野《おその》井《い》村善福寺《ぜんぷくじ》と水脈通ぜりという。池中多く蓴菜《じゅんさい》を生ず。そこにすむ魚は、頭に鳥居《とりい》の形ありと伝へ、捕える者は必ず祟《たたり》を蒙《こうむ》るとて釣網《ちょうもう》することを禁ず」

このように三宝寺池は、古くから魚を捕えることを禁じた池だった。そのため、武蔵野の自然景観をよく残しているし、この池の沼沢《しょうたく》植物群は国の天然記念物に指定されている。『江戸名所図会』にのっている「三宝寺池 弁財天《べんざいてん》 氷川明神《ひかわみょうじん》 石神井 城址《じょうし》」と題する絵を見ると、三宝寺池は現在のものとは異なり、はるかに広い印象だ。

三宝寺池と隣の石神井池とは水流でつながっているが、浅い谷間にできた細長い池だった。

●豊かな水が育てた練馬大根

石神井川の流域では、さまざまな野菜を栽培していた。とくに有名だったのは、練馬大根《ねりまだいこん》である。『新編武蔵風土記稿』には、つぎのように紹介されている。

「(豊島《としま》)郡内練馬《ねりま》辺、大根を多く産す。いずれも上品《じょうひん》なり。其内練馬村の産を尤《もっとも》上品とす。されば、この辺より産する物を概して練馬大根と呼ぶ。人々賞美せり」

練馬大根が有名になったのは、五代将軍綱吉《つなよし》のおかげだという。いい伝えによると、綱吉は将軍になる以前、館林《たてばやし》城主で右馬頭《うまのかみ》(右馬寮の長官)だったところ、脚気《かっけ》で苦しんだ。名医の治療を受けたが、少しもよくならない。そこで、陰陽師《おんみょうじ》に占わせたところ、官名の右馬頭にちなみ、江戸城の西方にある「馬」の字のつく土地で療養すれば治る、といわれたのである。

綱吉は、さっそく練馬に屋敷を造らせ、移り住んだ。綱吉は退屈して、尾張《おわり》(愛知県西部）から大根の種を取り寄せ、近所の百姓に育てさせ、収穫を楽しみにしていた。土や水が適していたのか、長さ三尺《じゃく》（約九十センチ）、重さ二貫《かん》（約七・五キロ）という見事な大根ができた。

綱吉はこの大根を食べ、病が治ったという。四年後の延宝八年（一六八〇）、江戸に帰ったが、その年の八月二十三日、五代将軍に就任している。

練馬台地は土がやわらかく、沢庵漬《たくあんづけ》に適している大長《おおなが》大根がよく育った。これも石神井川の水が豊富だったからだ。

大長大根は、むろん生で食べることができる。だが、沢庵漬、浅漬にすることが多い。江戸市中の大店《おおだな》のなかには、練馬の農家に一年分の沢庵漬を注文するところもある。漬物ができると馬に乗せ、注文主へ届けた。

漬物のほか、切干《きりぼ》し大根にしておく。これは保存食で、必要に応じて水に戻し、煮物や酢の物などにして食べた。切干し大根は、凶作などに役立つし、重要な食物だった。

第五章

川沿いに残る戦乱の歴史

●戦乱を物語る石神井城址

石神井川の流域には鎌倉末期、城が築かれていた。しかし、江戸時代には戦乱の気配はなく、城の跡が残るだけであった。

あたりには上石神井村、下石神井村が広がり、農民たちは豊かな水を利用して米や麦、蕎麦《そば》のほか大根や牛蒡《ごぼう》などの野菜を育てていた。のんびりとした農村地帯だったのである。

鎌倉末期、豪族の豊島氏がいまの北区から豊島区、練馬区、中野区におよぶ広い地域を支配していた。その豊島氏が拠点として石神井城（練馬区石神井台一）を築いた。

石神井城は西から東へ舌状にのびる狭い丘陵の上に建造された平山城《ひらやまじろ》である。北側は三宝寺池（石神井台一）があり、南側には石神井川の流れがあり、低地帯が広がっていた。西側には土塁《どるい》や空堀《からぼり》で守備を固めていたが、いまでもその跡が残っていて、往時をしのばせる。

ところが、室町中期、長尾景春《ながおかげはる》が関東管領《かんとうかんれい》の上杉顕定《うえすぎあきさだ》に背《そむ》く。豊島氏は長尾景春に同調、江戸城を攻撃する気配を見せた。江戸城を守る太田道灌《おおたどうかん》は、その情報を得て機先を制する作戦に出た。

豊島泰明《やすあき》が籠《こも》る平塚城《ひらつか》（北区）を攻めたのである。それに対して泰明の兄泰経《やすつね》は、泰明を援護するため、防備の手薄になった江戸城を攻撃した。

しかし、道灌はその動きを知ると、すばやく軍勢を西へ進撃させたのだ。

こうして文明七年（一四七五）四月十四日、江古田《えこだ》・沼袋原《ぬまぶくろはら》（練馬区、中野区一帯）で、道灌の軍勢は泰経軍と激突。泰経軍は大軍だったし、背後からは泰明軍が追いつく。道灌の軍勢は挟《はさ》み撃ちとなり、危機が迫る。だが、巧妙な足軽戦法で、敵の隙を狙って攻めつづけた。この戦いで泰明は討死。やがて四月二十一日、道灌は石神井城に逃れた泰経を攻撃し、陥落させた。

この落城には悲話が伝わっている。豊島泰経は落城が迫ってきたとき、家宝の純金の鞍《くら》を白馬に置き、それにまたがると三宝寺池へ入水《じゅすい》。娘の照姫《てるひめ》も悲嘆のあまり、父につづいて池に身を投じた、という。

敗北した泰経は、落ちのびて再起を図《はか》ったともいうが、その最期はわからない。

●遊園地のなかにも城址が

石神井川流域には、石神井城と同じように鎌倉末期、豊島景村《かげむら》によって築かれたという練馬城（豊島城。練馬区向山《こうやま》三、豊島園内）があった。この城は、豪族豊島一族が西方へ進出する足がかりとして造ったものだ。

現在、城址は遊園地「豊島園」内、南側の小高い丘の部分とされている。もっとも城の敷地は広大で、豊島園のほか、南側の住宅地にまでおよんでいたという。

城の北側に石神井川が流れている。いいかえれば、石神井川の両岸にできた谷戸《やつ》（低湿地）をひかえた丘陵上に築かれていたわけである。

北は急な崖になっていて、石神井川はその下を流れる。東と西には浸食谷《しんしょくこく》があったから、練馬城は要害の地に築かれていた。

谷戸いうのは、谷間の低湿地で、農耕地として活用されることが多い。丘陵から谷戸へ下るため短いが、急な坂道ができる。こうした急な坂道がいまも残っている。

遊園地「豊島園」の北側に春日《かすが》神社（練馬区春日町三）という古い神社がある。文明年間（一四六九～八六）には練馬城主豊島泰経、泰明兄弟によって保護されていたという。

飛鳥山をめぐる滝の川

●「滝野川」から「音無川」へ

石神井川について『新編武蔵風土記稿』は、つぎのように記している。

「一つは王子《おうじ》村石堰《せきえん》より十間（約十八メートル）ばかり上流にて分流し、飛鳥山《あすかやま》下を流れ、西ケ原《にしがはら》、梶原《かじわら》、堀之内《ほりのうち》、田端《たばた》、新堀《にいほり》（日暮里《にっぽり》）、三河島《みかわしま》、金杉《かなすぎ》、龍泉寺《りゅうせんじ》、山谷《さんや》、橋場《はしば》数村を歴《へ》て、浅草《あさくさ》川（隅田川）に達す。近郷二十三村に引注ぐ故、直に二十三ヶ村用水と名づく」

少し補足しておくと、王子権現《ごんげん》の下で二筋にわかれ、一筋はそのまま北東へ流れていき、隅田川へ注ぎ込む。この流れは「滝野《たきの》川」、あるいは「音無《おとなし》川」とも称された。

もう一つは、王子から尾久《おぐ》、日暮里を経て根岸《ねぎし》へ向かう。このあたりで「根岸川」と名を変えるが、さらに下流は「山谷堀」となり、隅田川へとながれていく。

石神井川は板橋（板橋区板橋）を経て、滝野川村（北区滝野川）に入る。この川は曲がりくねり、王子（北区。ＪＲ王子駅付近の一帯）のあたりでは浸食谷を形づくり、急流となっていた。

しかも、小さな滝があちこちにあったため、石神井川は「滝の川」と呼ばれるようになった。滝の音があたりに広く響いていたからだという。やがて漢字で「滝野川」と書くようになり、滝野村という地名が生じた。

もっとも滝野川村という地名はすでに鎌倉時代にあった。『源平盛衰記《げんぺいせいすいき》』によれば治承四年（一一八〇）、源頼朝《みなもとのよりとも》は浮橋《うきはし》を渡り、隅田石橋の陣から兵を進める。そのあと、武蔵国豊島の上滝の川松《かわまつ》橋というところに陣取った、というのである。『新編武蔵風土記稿』は、滝野川村についてつぎのように記す。

「村の東の方日光街道《にっこうかいどう》、南の方中山道《なかせんどう》にかかれり。また、金剛寺《こんごうじ》（北区滝野川三）より南の方石神井川の対岸、小高き所、鎌倉《かまくら》街道の路といふ。今其所は村民の宅地なり」

ところが、この滝野川は滝の音でうるさいのに、やがて音無川と名を変える。紀州《きしゅう》（和歌山県）出身の八代将軍吉宗《よしむね》が、ふるさとの音無川（和歌山県東《ひがし》牟婁《むろ》郡の熊野《くまの》本宮《ほんぐう》の横を流れ、熊野川に合流する）にちなみ、下滝野川村あたりから滝野川を音無川と改めさせたのだという。

●音無川の奔流と花の飛鳥山

石神井川は現在の地名でいうと、北区の王子あたりで、「滝野川」「音無川」「王子川」などと名を変える。JR京浜東北線王寺駅南側に飛鳥山（北区王子）があるが、音無川は飛鳥山の裏側から山裾《やますそ》をまわるようにして流れていく。江戸時代、水勢は激しかったようだ。

そこで途中に流量を調節するための堰《せき》を設けてあった。水が勢いよくあふれて流れ落ち、滝さながらであった。そのため、人びとは大滝と呼んだ。

広重は音無川の様子を描いているが、桜の季節だというのに、三人の男たちが大滝に打たれていたり、下流では冷たい水の中で魚捕りをしていた。当時、飛鳥山の麓《ふもと》には料理屋が多かったから、捕った魚は料理屋へ売るにちがいない。

石神井川（音無川）は、飛鳥山の北側で台地を東西に分断して流れていた。分断されたところに、変化に富んだ渓谷ができた。江戸庶民に景勝地として評判になり、訪れる人も多かった。

飛鳥山は見晴らしのいい高台で、遠くには筑波山《つくばさん》や日光連山《にっこうれんざん》などが見え、眺望絶景であった。眼下には山裾をめぐる清流があって、これまたいい眺めである。

この飛鳥山という地名だが、この地に紀伊国新宮《きいのくにしんぐう》（和歌山県新宮市）の飛鳥明神が祀られていたことにちなむ。

飛鳥山は、桜の名所として江戸庶民に親しまれていたが、桜の名所になったのは享保五年（一七二〇）、八代将軍吉宗が江戸城から二百本の桜を移植したことにはじまる。その後、享保六年（一七二一）には、千本の桜と楓《かえで》、松なども植えさせた。

享保十八年（一七三三）になると、十軒の水茶屋《みずぢゃや》ができ、行楽客もしだいに増えたという。吉宗も幕臣《ばくしん》を随行させ、飛鳥山で花見の宴を催すなど、飛鳥山の行楽地化に力を入れた。

そのころ、飛鳥山は全体が芝生でおおわれていたという。西側には油菜《あぶらな》が植えられたため、花の季節には、淡紅色の桜花の下に黄色い菜の花が埋め尽くし、それは見事な眺めだった。音無川の清流があるので、螢が群舞する光景を見ることができた。

第五章

鶴の名所や鶯の名所を経て

●三河島は渡り鶴の生息地

音無川は途中、三河島村（荒川区荒川、町屋《まちや》、東尾久、東日暮里、西日暮里）を流れていく。この「三河島」という地名は、戦国時代からの地名というから古い。当時、このあたりは、三筋の川に囲まれた中洲であり、そうした地形から生じた地名といわれる。

江戸時代の三河島は、農村として栄えていたが、東のはずれに奥州街道、箕輪《みのわ》の里から中山道板橋への間道が通っていたという。東から南にかけての一帯は沼沢地で、渡《わた》り鶴《づる》の生息地として有名だった。江戸の空に鶴が飛び、舞っていたのである。

広重も『名所江戸百景』のなかに、鶴の姿を描いた。「箕輪金杉三河《みのわかなすぎみかわ》しま」と題する絵で、冬の空に一羽の丹頂《たんちょう》鶴が空を舞い、別の一羽が水田のそばに降り立っている、という構図だ。

鶴は権力の象徴である。だから将軍のものとして、庶民が捕獲するのを禁じていた。

将軍がおこなう鶴の狩猟は「鶴の御成《おなり》」というが、これを最初にはじめたのは八代将軍吉宗だった。それ以来、毎年、寒入りのあとの行事としてつづいた。三河島には、狩猟のための鶴の餌付場があった。

捕えた鶴は塩漬にし、一羽ずつ白木の箱に入れ、早飛脚《はやびきゃく》で京都へ運び、天皇家に献上した。一方、江戸城では鶴の肉を吸物にし、正月に登城した大名たちに振舞う。

音無川の近くには、年の暮れになると、鶴の御成という優雅な伝統行事が繰り広げられた。

付近には鶴の御成に付随した名残もある。JR西日暮里駅とJR日暮里駅とのあいだに高台があり、浄光寺《じょうこうじ》（荒川区西日暮里三）が建つ。ここに「将軍腰かけの石」と称する石があり、鷹狩りのとき、将軍がすわった、といういい伝えが残る。

現在、あたりはビルばかりで、このような場所で鷹狩りがおこなわれていた、とは信じがたい。しかし、江戸時代には、この場所から下総《しもうさ》の国府台《こうのだい》（千葉県市川市）や遠く筑波《つくば》山《さん》を眺めることができたようだ。

少し北に離れているが、観音寺《かんのんじ》（荒川区荒川四）は、十一代将軍家斉《いえなり》が「鶴の御成」のとき、御膳所《ごぜんしょ》（将軍の食膳を調理する場所）として以来、幕末まで歴代将軍が利用した、と伝えられる。

●根岸と三ノ輪を流れる音無川

音無川は、さらに根岸《ねぎし》（台東区根岸一～五）を流れていく。根岸には樹木が多く、とくに山茶花《さざんか》が有名だった。

画家の酒井抱一《さかいほういつ》は文政のころ（一八一八～二九）、根岸に住み、つぎの句を詠んでいる。

「山茶花や根岸はおなじ垣つゞき」

閑静だが、鶯《うぐいす》など小鳥の美声を聞くことができて風趣《ふうしゅ》がある。江戸中期からは多くの文人墨客《ぶんじんぼっかく》が別荘をかまえるようになった。

根岸という地名は古く、「上野台《うえのだい》の崖下」の地に由来するという。ほかに「沼地の岸辺なので根岸と称した」など諸説がある。

三ノ輪《みわ》（台東区三ノ輪一～二、根岸五、日本堤《にほんづつみ》一）にも音無川は流れていた。

地名の由来は、むかしこの地は海に突き出た岬状になっており、その地形から「水の輪」とか「水の鼻」などと呼ばれ、やがて転訛《てんか》して「三ノ輪」になったという。

三ノ輪が賑わいはじめたのは、明暦三年（一六五七）の大火で葺屋町《ふきや》の東（中央区日本橋人形町《にんぎょうちょう》）の吉原遊廓《よしわらゆうかく》が浅草寺裏《せんそうじ》の田圃《たんぼ》（台東区千束《せんぞく》）へ移転してきてからだ。

奥州《おうしゅう》街道を旅してきた人びとは、三ノ輪橋を渡ると、江戸に着いたと実感した。この橋の下を流れていたのが音無川である。

慶応四年（一八六八）、戊辰《ぼしん》戦争で新政府軍と戦って敗れた最後の将軍徳川慶喜《よしのぶ》は、水戸《みと》へ帰ることになり、山岡鉄舟《やまおかてっしゅう》とこの橋で別れを惜しんだ、と伝えられる。音無川は昭和に入って暗渠《あんきょ》となり、三ノ輪橋は姿を消した。

●石神井川の終点

音無川（石神井川）は、現在の地図に記されている荒川区と台東区との境を流れていた。いまの音無川は暗渠になっていて、川の流れを見ることはできない。しかし、江戸時代にはまちがいなく音無川の清流があった。

よく知られている豆腐料理店「笹《ささ》の雪《ゆき》」（台東区根岸二）は、歴史が古い。もともとは元禄年間（一六八八〜一七〇三）、京都の奥村忠兵衛《おくむらちゅうべえ》という人が音無川のそば（荒川区東日暮里五）で豆腐屋を開業。京風の絹ごし豆腐に葛餡《くずあん》をかけて売り出したのがはじまり、といわれる。

音無川の下流を進むと「御行《ごぎょう》の松《まつ》」（台東区根岸四）に出合う。この名は、上野寛永寺《かんえいじ》の門主《もんしゅ》がここで行をしたことからついた。

また「時雨《しぐれ》の松」ともいわれるが、それは上野から根岸を通り、音無川沿いに三ノ輪に至る道筋が「時雨の丘」と呼ばれていたことにちなむ。このあたりは上野の山下にあたり、気象が変わりやすかったのである。

この松は広重《ひろしげ》も描いたほどの名木で、樹齢三百五十年といわれ、大正十五年（一九二六）に天然記念物に指定された。だが、昭和三年（一九二九）、雷が落ちて枯死。その後、植えかえられ、現在の松は三代目だという。

さらに音無川は薬王寺《やくおうじ》（台東区根岸五）の前を流れていく。このあたりの川幅は、九尺（約二・七メートル）ほどしかない。

その後、音無川は、三ノ輪の浄閑寺《じょうかんじ》（荒川区南千住二）のところで二筋になる。一筋は思《おもい》川として田地を流れ、橋場（台東区橋場二）から隅田川へ流れていたが、思川は埋め立てられてしまった。

もう一筋も姿を消している。日本堤という上手に沿って流れ、山谷堀として隅田川へ注いでいた。つまり、山谷堀というのは音無川の下流だったのである。

第六章　自然の川になった玉川上水

第六章

玉川上水が多くの沃地を開く

●「逃げ水」という不思議な現象

いま東京の多摩《たま》地域で目につく水路といえば玉川上水《たまがわじょうすい》である。これは玉川（多摩川）の羽村《はむら》（羽村市）で取水し、四谷大木戸《よつやおおきど》（新宿区四谷四）まで、約十一里（約四十四キロ）を川のように流れていた。

人工的に開削《かいさく》した上水路だが、水が流れはじめて何年か経つと、自然の川のようになった。沿岸には草木が育ち、川には鮎《あゆ》などの魚が泳ぎ、川の上を野鳥が飛ぶ。人工の流れがいつのまにか、自然にとけ込んできたのである。しかし、工事はすべて人力で進めなければならず、たいへんな難工事であった。

家康《いえやす》が江戸に幕府を開いて以来、急速に人口が増えたため、飲み水用として、赤坂《あかさか》に溜池《ためいけ》を設けた。その後、千鳥《ちどり》ヶ淵《ふち》、牛《うし》ヶ淵《ふち》などの貯水池をつくり、寛永年間（一六二四〜四三）には神田《かんだ》上水を完成させたのである。

玉川上水

しかし、神田上水完成の十年後、江戸の人口は三十万人を超えてしまった。この結果、水が不足がちになる。そこで考え出されたのが新たな上水を開削する計画だった。

総奉行は老中松平信綱《まつだいらのぶつな》。その信綱の下で上水奉行をつとめたのは、関東郡代の伊奈半十郎忠次《いなはんじゅうろうただつぐ》である。工事は庄右衛門《しょうえもん》と清右衛門《せいえもん》の兄弟が担当した。兄弟の出自については、多摩地方の農民ともいわれているが、詳しいことはわからない。

当時の多摩川流域は、いまとちがって深い森林が広がっていたから水量は豊富だし、安定していた。だが、問題はどこから取水するか、ということだった。

兄弟はいろいろ調査し、まず日野《ひの》（日野市）

の渡しに近い青柳村《あおやぎ》（国立市青柳）から掘削《くっさく》をはじめたが、失敗に終わる。つぎに少し上流の福生村《ふっさ》（福生市）に取水口を設けようと、工事に取りかかった。

工事は順調に思えたが、掘り進むうちに水が地中に消えていく、という不思議な現象にぶつかる。「水喰土《みずくらいど》」という地層で、「武蔵野《むさしの》の逃《に》げ水《みず》」ともいわれる現象だった。信綱は、兄弟の手に負えない、と判断。慶応五年（一六五二）一月、自分の家臣である安松金右衛門《やすまつきんえもん》に、設計などの面で助勢するよう命じたのである。

こうして、ようやく羽村に堰《せき》をつくって取水することにし、上水路の掘削がはじまった。

●取水口の工夫

上流からゆっくり流れてきた玉川（多摩川）の水は、丘陵にぶつかるようにして大きく曲がり、その先で川は反対側の陸地にぶつかる。玉川上水の取水口は、そこで流れをせき止めて設けた。

水を取り込むのに適した地形だが、これは丸太で組んだ枠や蛇籠《じゃかご》などを使い、川の流れをせき止めてつくった地形だった。蛇籠というのは、丸くて細長い籠のなかに、栗石《くりいし》（丸石）や砕石《さいせき》などを詰めたものだ。川のなかに数本の杭《くい》を強く打ち込み、蛇籠が流されない

羽村堰

ように固定しておく。

現在、残されている羽村堰は、流れをせき止めて第一水門へ誘導し、水量を調節する。小吐《こはき》水門を設け、余分な水をそこから出す。その水は第二水門を経て、玉川上水路へ送るという仕組みになっている。この仕組みは、いまも変わらない。

川の流れには、四本の石の柱が張り出している。柱のあいだに投渡堰《なげわたしせき》が設けられているが、これは柱のあいだに十数本の杭を川底に打ち込み、そこに桁《けた》を横たえて水をせき止める仕組みだ。

もし、上流で大雨が降り、水量が増加すると、水門が破壊されかねない。このような場合、桁を取り除き、水をそのまま下流へ渡して、水門の破壊を防ぐ。このような投渡堰が残っているのは、羽村堰だけだといわれる。

●自然の勾配だけで水を流す

多摩地方は、もともと旧多摩川の扇状地《せんじょうち》だった。いうまでもなく、扇状地というのは、川が山地から平地へ流れたところにできる緩やかな傾斜をもつ扇状の地形である。

玉川上水に特徴的なのは、「自然流下方式」といって、動力を使わず、自然の勾配《こうばい》だけを頼りに水を導き、配水していたことだった。高低差の激しい土地であれば、それを利用して水路をつくることは、容易である。しかし、多摩の上水路をつくろうとしている土地は、そうではなかった。

たとえば、標高を見ると青梅《おうめ》が頂点で百八十メートル、ついで立川《たちかわ》が九十メートル、吉祥寺《きちじょうじ》は五十メートル、新宿《しんじゅく》は四十メートルだ。東に向かって緩やかに傾斜していることがわかる。

兄弟は、なんとかして最短距離で上水を完成させたい、と願った。安松金右衛門の知恵を借り、丘陵の稜線《りょうせん》（尾根《おね》）を結び、水路を決めていく工法に決めた。つまり、起伏が少ないため、稜線を選び、わずかな勾配を利用して水路を掘り進む、ということだ。

そのため兄弟は、暗夜の山中に分け入り、提灯《ちょうちん》の明かりで高低を測定しながら工事を進めた。しかし、高井戸《たかいど》（杉並区）で幕府から受け取った資金が底を突く。兄弟は、やむなく自分たちの財産二千両と、屋敷を千両で売り払い、三千両を使って工事を完成させたのだという。

こうして羽村から四谷大木戸まで、人力だけを使い、わずか八か月で掘削したのだからすごいことだった。

先に自然の勾配だけを頼りに水を導く、と述べたが、この方式では、いまの上水道と異なり、つねに水が流れる。このため、流れる水の量が一定量を超えると、排水しなければならない。

たとえば、玉川上水が赤坂の紀《き》の国《くに》坂（現在の紀伊国坂。港区元赤坂二）を下って、台地下に落ちる谷下付近に「吐樋《はきどい》」を設けてあった。上水の余分な水をここから排出し、近くの溜池に流し込んでいた。このような技術は、世界的にみて高い水準のものと、高く評価されている。

江戸市中や近郊には多くの畑があったが、それらは上水の余分な水を利用することによって、農作物の収穫を増やすことができた。時代を経るにしたがって大名の下屋敷に庭園をつくる傾向が出てきたが、大名庭園の泉水《せんすい》にも上水が利用された。玉川上水は飲み水を供給しただけでなく、緑豊かな水の都をつくるのに一役買った。

●多摩に開かれた分水路

玉川上水が完成したのは、承応三年（一六五四）六月二十日のこと。玉川（多摩川）の清流を利用し、江戸市中に飲み水を供給する、という目的を果たすことができた。

羽村の取水口から四谷大木戸までは、小川のように地上を流れていたが、その長さは約十一里《り》（約四十四キロ）におよぶ。

四谷大木戸の先は、水が地下を流れ、江戸城をはじめ、四谷、麴町《こうじまち》、赤坂など山の手一帯、さらには芝《しば》や京橋《きょうばし》方面まで配水された。このため、市街地には石樋《せきひ》や木樋《もくひ》を配水管とし埋設したが、暗渠《あんきょ》部分の総延長は約二十二里（約八十八キロ）というから、開渠《かいきょ》部分の約二倍の長さだった。

玉川上水ができたことによって、江戸の飲み水不足は解消された。しかも、多摩地方では玉川上水からの分水路が三十筋ほど開削され、原野に豊かな水の風景が生まれた。

当然のことだが、それらの分水は飲み水など生活用水のほか、灌漑《かんがい》用水として利用される。その結果、武蔵野の地がうるおい、新田開発を進めることができた。

玉川上水が開通した翌承応四年（一六五五）三月には、野火止《のびどめ》用水が開削されている。多摩郡小川《おがわ》村（小平《こだいら》市小川町）で玉川上水から分水し、武蔵国新座《にいざ》郡野火止（埼玉県新座市野火止）を貫流して、新河岸《しんがし》川にそそぐ。その後、新河岸川は、現在の北区岩淵《いわぶち》町のところで隅田《すみだ》川へ合流する。

野火止のあたりは、川越《かわごえ》藩（埼玉県川越市）主松平信綱の領地だったが、原野ばかりだから人が住むことはむずかしい。

そこで信綱は原野を開墾《かいこん》させるために、この地に農民たちを移住させた。さらに飲み水や灌漑用水を供給するため、家臣の安松金右衛門に命じて用水路を開削させた、と伝えられる。

明暦三年（一六五七）には、砂川《すながわ》（立川市）で砂川用水路が開削され、玉川上水から分水された。

この水を利用して、砂川新田が開かれ、のちに砂川村となった。

同じ年には玉川上水から分水する小川用水が開かれている。取水口は、小川橋（小平市小川）にあった。

この用水も新田開発に利用することを主な目的にしていた。

小川村には青梅《おうめ》街道が通る。この街道は甲州《こうしゅう》裏街道ともいわれ、江戸初期に整備された。青梅街道は新宿追分《しんじゅくおいわけ》からはじまり、青梅を経て甲府《こうふ》の東で甲州街道と一つになる。ところが、当時の青梅街道には盗賊が出没するし、田無《たなし》村（西東京市）から箱根《はこね》ヶ崎《ざき》（瑞穂《みずほ》町）まで五里（約二十キロ）もあるのに茶屋もない。

そこで多摩郡岸《きし》村（武蔵村山市岸）出身の小川九郎兵衛《くろべえ》は、旅人に休息の場を提供するとともに荷を運ぶ馬の中継地をつくりたい、という思いから新田開発を願い出た。明暦三年（一六五七）に開発に着手して「小川新田」をつくりあげた。その後、新田は小川村となった。

第六章

小金井にできた桜の名所

●青山上水や三田上水も

江戸市中には、玉川上水や神田上水のほか、本所《ほんじょ》上水、青山《あおやま》上水、三田《みた》上水、千川《せんかわ》上水が開通したが、この四つはまとめて「四上水」とも呼ばれた。

本所上水は万治二年（一六五九）に開削され、亀有《かめあり》上水とも呼ばれた。瓦曾根溜井《かわらそねためい》（埼玉県鳩《はと》ヶ谷《や》市）を水源とし、埼玉郡、足立《あだち》郡、葛飾《かつしか》郡を経て、明暦三年（一六五七）の大火後、新たに開発された本所（墨田区）地域に配水された。

万治三年（一六六〇）には、青山上水を開削し、玉川上水の四谷大木戸外に設けられた吐口《はきぐち》（余水の排出口）から流れ出る水を引いた。配水された地域は、麹町（千代田区）、赤坂、青山、麻布《あざぶ》（港区）などだった。

ところが、享保七年（一七二二）、上水としての使用が禁じられる。とはいえ、せっかく開削した水路だから、つぶすのはもったいないとして灌漑用水などに使われた。

やがて上流は、渋谷川《しぶや》と称するようになった。中下流では赤羽川《あかばね》、古川《ふる》、金杉川《かなすぎ》などと名を変え、金杉の浜《はま》（港区芝一）から江戸湾へ流れ込む。当時、金杉橋のあたりから海上へ目を向けると、帆《ほ》をあげた船のほか、船頭が櫓《ろ》を漕《こ》ぐ小舟などが往来している光景が見えた。

青山上水につづいて、三田上水が開削されたのは、寛文四年（一六六四）のことだった。玉川上水から下北沢村《しもきたざわ》（世田谷区下北沢）で分水、大崎《おおさき》（品川区）、芝、高輪《たかなわ》一帯（港区）に配水された。

この上水も享保七年、上水としての使用が停止。その後は、代田《だいた》（世田谷区）、目黒《めぐろ》（目黒区）などのほか、北品川宿《きたしながわ》（品川区北品川二）など、広い地域の用水とされた。

●千川上水は将軍綱吉の御成先へ

玉川上水から分水した千川上水もあった。開削されたのは元禄九年（一六九六）、玉川上水が完成して四十年後のことである。

この上水は、もともと五代将軍綱吉《つなよし》の御成先《おなりさき》（外出先）への給水を目的としたものだった。御成先は、小石川《こいしかわ》御殿（文京区白山《はくさん》三）。白山御殿とも称された。のちに幕府の御薬園

神田上水の流路

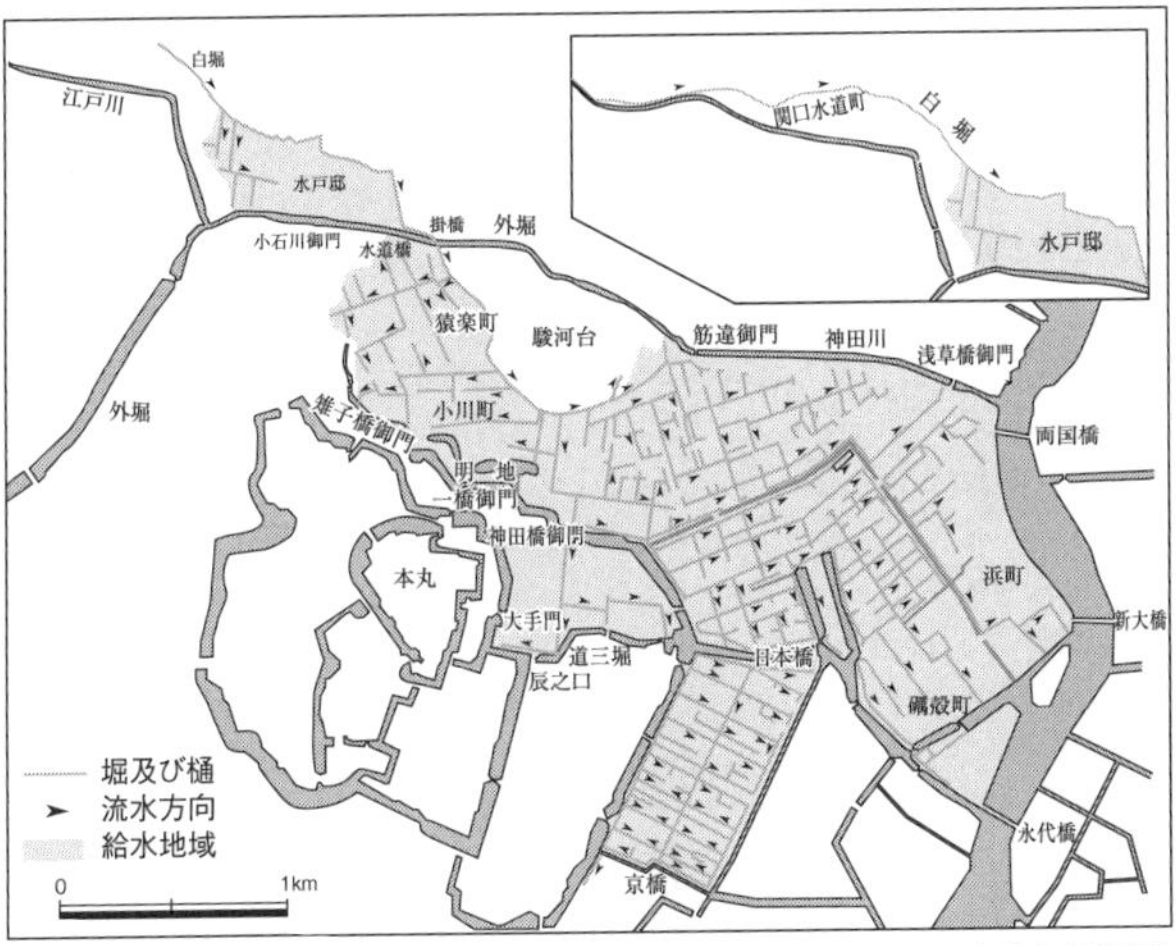

出典「玉川上水」伊藤好一監修・肥留間博著（（財）たましん地域文化財団）

江戸の六上水道

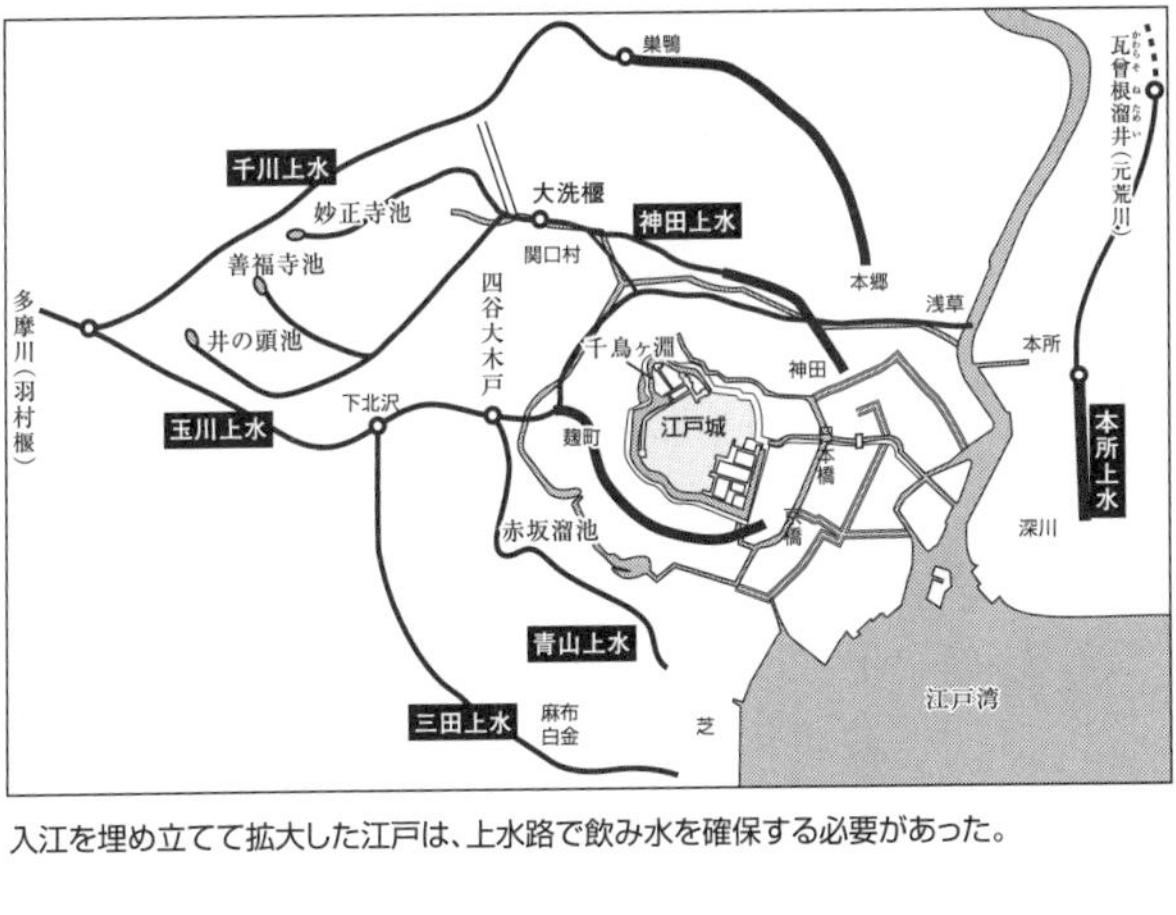

入江を埋め立てて拡大した江戸は、上水路で飲み水を確保する必要があった。

がつくられ、現在は小石川植物園）、湯島聖堂《ゆしませいどう》（文京区湯島一）、東叡山寛永寺《とうえいざんかんえいじ》（台東区上野公園。徳川家の菩提寺《ぼだいじ》）、浅草寺《せんそうじ》（台東区浅草二。徳川家の祈願所）で、将軍綱吉が工事を命じた、とされる。

千川上水は上保谷村地先《かみほうやじさき》（のち上保谷新田。現在の西東京市）で玉川上水から分水し、その先、五里二十四丁（約二十二キロ）を素掘りで水路をつくった。

素掘りというのは、土留めなど土砂が崩れるのを防ぐ工事をせずに掘る工法である。このあたりは、それだけ地盤がしっかりしていたようだ。

千川上水の水路は、井の頭池《いかしら》や善福寺川《ぜんぷくじ》などの北側を、まず北をめざして流れていく。やがて巣鴨庚申塚《すがもこうしんづか》（豊島区巣鴨四）のあたりから埋樋《うめどい》を用い、暗渠として江戸市中に入り、本郷《ほんごう》や湯島《ゆしま》、浅草《あさくさ》へと流れる。

小石川御殿などの給水のほか、余水《よすい》は武家屋敷や町屋にも配水された。

●豊かな流れと見事な桜並木

玉川上水沿いに小金井《こがねい》村（小金井市）があり、江戸近郊の桜の名所として有名だった。いまでも美しい桜並木があるが、江戸時代には小金井新田を中心に約一里半（約六キロ）

もつづき、見事な眺めだったという。

先にも紹介したが、十方庵敬順《じっぽうあんけいじゅん》は、著書『遊歴雑記《ゆうれきざっき》』のなかで、小金井という地名についてつぎのように書いている。

「もともと水が乏しく、人が住めない土地だったが、清水が湧き出し、人が住めるようになった。天の扶助《ふじょ》によって自然に清水を得ることができれば、黄金を拾ったのと似ている。それゆえに人が住む村となり、小金井と称するようになった」

清水が湧いた「井」がどこにあったのか不詳だが、この周辺にはいくつかの湧水があって、人が住み、農耕するのに適していた。

そこから湧水を「小金の井」と称し、のちに「の」が省略され、「小金井」というようになった、ともいわれる。

小金井は農村として開けたが、春になると江戸市中から七里余（約二十八キロ）の道程をものともせず、多くの人びとが花見に訪れるようになった。

●上水の土手に桜を植えた理由

小金井に桜が植えられたのは、元文年間（一七三六〜四〇）のことだった。

桜の木の根は、土手を固めるのに効果がある。さらに古来から「落ちた花びらと葉が水の毒を消す」ともいわれるから、土手に桜の木を植えることは理に適《かな》っている。

八代将軍吉宗《よしむね》も、玉川上水の水は貴重な江戸の水だと認識していたのだろう。しかも桜を植えることによって水の毒消しになるし、土手の補強策になるということを理解していた。だから代官を通じて武蔵野新田世話役の川崎平右衛門《かわさきへいえもん》に桜を植えさせたのである。

平右衛門は元文・寛保年間（一七三六〜四三）、吉野山《よしのやま》（奈良県）や常陸《ひたち》の桜川（茨城県水戸《みと》市）から、合わせて千五百本の苗木を取り寄せ、玉川上水両岸の堤《つつみ》（小金井堤）に植えた。

玉川上水の開削そのものもたいへんな難工事だったが、桜の植樹も輸送が困難だった。桜並木が整備されたのは、宝暦年間（一七五一〜六三）のなかばころというから約二十年の歳月が必要だった。

小金井橋のたもとには宿屋もあったことから、一泊して翌日は、多摩川へ足をのばし、鮎を食するという人も少なくなかった。

第六章

鮎かつぎの若い衆が走る

●「火事が多いのは上水道のため」という珍説

玉川上水が開通し、さらにいく筋にも分水され、江戸市中では飲料水に不自由しなくなったし、郊外では農業用水に使われ、新田開発も進んだ。しかし、その反面、不可解な流説が広まった。

たとえば「上水ができて八百八町の地面が乾き、風の向きも変わった」といわれたし、「江戸煩《わずら》いが急増したのは上水のせいだ」という人もいた。

江戸煩いとは、白米を常食としたために生じた脚気《かっけ》のことで、上水とは関係がない。だが、江戸市中に水が増えたのに、火災も負けずに増加した。そこで「地下の木管が地表の水分を吸収したからだ」とか、「風の流れが変わったので町火消が戸惑った」などの珍説も現れた。さらに「江戸に火災が多くなったのは、上水道のためだ」という説がまことしやかにささやかれた。

この説を強く訴えたのは、八代将軍徳川吉宗の侍講《じこう》をつとめ、信任の厚かった室鳩巣《むろきゅうそ》である。

「風は大地の息で、地中より生じる。地中を小路（上水網）が走っていては、その地脈が絶え、地気が分裂して中空状態になる。下で押える力がなくなると、風がうわつき、火を誘う。火は狂風に乗じて十町、二十町と先へ飛ぶ。地中の湿気も水道へ抜けて枯旱《こかん》してしまい、地中から生じる風も乾燥して大火を招く」

地中に上水網がめぐっているのは事実だが、だからといって気流に影響したり、火災の原因になっているわけではない。しかし、室鳩巣は、「関わりがある」と考えていた。そしてつぎのように結論づけた。

「井戸水に頼れないところは別として、他は上水を廃すべし。ことに城の北側、小石川、巣鴨あたりの水道はまず潰し、江戸の半分の水道を廃止したら風も模様が変わり、火事も少なくなるだろう」

多くの人びとが知恵をしぼり、長い歳月をかけて築きあげた上水道である。それを「廃すべし」と主張したのだから愚かなことだ。

室鳩巣の意見にしたがったのか不明だが、享保七年（一七二二）、三田上水、青山上水、

江戸の上水網（汐留遺跡）

（東京都教育委員会）

江戸の水道のしくみ

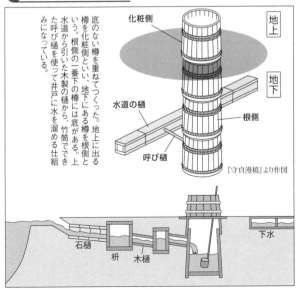

底のない樽を重ねてつくった。地上に出る樽を化粧側といい、地下にある樽を根側という。根側の一番下の樽には底がある。上水道から引いた木製の樋から、竹筒でできた呼び樋を使って井戸に水を溜める仕組みになっている。

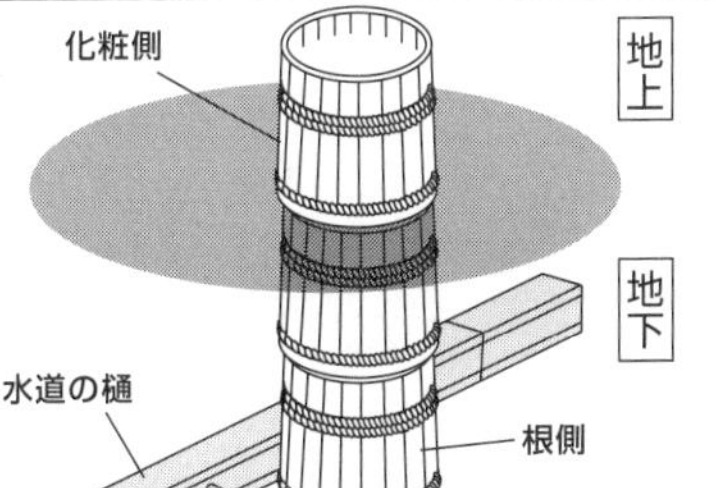

『守貞漫稿』より作図

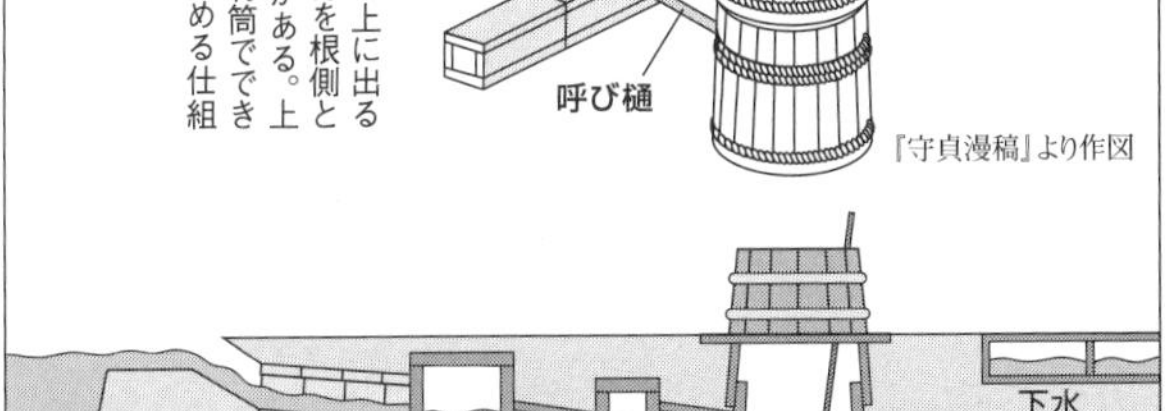

千川上水、本所上水は、同時に廃止された。ところが四上水を廃止しても、江戸の火災がなくなることはなかった。

●上水の水を流れてくる鮎

玉川上水に架かる橋に、代太橋《だいた》（代田。世田谷区）があった。『江戸名所図会《えどめいしょずえ》』には「この所までは道より左に添ひて流る。橋より右に添ひて流れ、橋下にて水流左右に替れり。橋上に土を覆《おお》ふ故にその形顕れず。この橋下を流るるは多磨（摩）川の上水なり」とある。

この多磨の上水とは、玉川上水のことだ。玉川上水は、神田川の南を西から東へと、曲折して流れていた。

流路は現在もほぼ同じと思われるが、水量や川幅、あるいは沿岸の様子などは大きく変わった。

甲州街道の荻窪《おぎくぼ》（杉並区）には立場があったが、これは、街道の休憩所で、人夫が駕籠《かご》などをとめて一休みした。

江戸時代、ゆったり流れていた玉川上水も、現在、このあたりではほとんどが暗渠となり、一部は「玉川上水緑道」になったりしている。

代太橋は残っていないが、京王線の駅に「代田橋」があり、「代田」の地名もある。

さて「代太橋」と題する絵だが、手前に玉川上水の流れがあり、その向こう岸の道には、細長い籠をいくつも重ねて前後に振り分け、天秤棒《てんびんぼう》でかつぎながら走る男たちの姿が描かれている。「鮎《あゆ》かつぎ」と呼ばれる若い衆だ。

鮎は多摩川の名産で、「形はいいし、味も抜群」と人気が高い。

鮎といえば、川魚の王として古くから多くの人びとに賞味されてきた。

ところが、鮎という魚は腐敗が進みやすい。それだけに一刻も早く消費者へ届ける必要があった。

鮎を運ぶには、方形の籠を用い、熊笹《くまざさ》の葉を底に敷き、鮎を並べておく。鮎をじかに重ねると腐りが早くなるので、そのような工夫をしたのである。

鮎籠は前後に二十四枚ずつ振り分けにし、天秤棒でかつぐ。鮎問屋は内藤《ないとう》新宿にあったが、多摩川から約十里（四十キロ）。暗いうちから走り出し、夜明け前に届けなければならないので先を急いだ。

「水と鮎箱と籠とで江戸へ出る」

このような川柳《せんりゅう》も詠《よ》まれた。籠とは鮎籠のことだが、箱というのは玉川上水の水を配水する木製の樋（水道管）のことである。

玉川上水は多摩川の水を引いたので、市中の井戸に鮎が姿を現すこともあったのだ。

第七章　渋谷川と目黒川の源流は大名庭園

第七章

四季それぞれに美しい渋谷川

●渋谷川の水源と「春の小川」

江戸城の西南で目立つ川筋は、渋谷川《しぶやがわ》と目黒川《めぐろがわ》である。渋谷川は千駄ヶ谷《せんだがや》、渋谷、広尾《ひろお》、麻布《あざぶ》など、薄野原《すすきのはら》や農地、武家地のあいだを流れ、江戸湾へとそそぐ。

渋谷川の上流は隠田川《おんでんがわ》とも呼ばれていたが、下流は古川《ふるかわ》と称する。

江戸には湧き水が多く、それが池になったり、小川となって流れたりすることが多かった。渋谷川にも宇田川《うだがわ》などの支流がある。

渋谷川の源流はいくつかあって、その一つは信州高遠藩《しんしゅうたかとうはん》（長野県伊那市《いなし》高遠町）内藤《ないとう》家の中屋敷（新宿区内藤町）につくられた庭園内の池である。湧水によって池になったものだ。

もう一つは、玉川上水《たまがわじょうすい》の余水である。四谷まで流れてきた玉川上水は、四谷大木戸《よつやおおきど》（新宿区四谷四）の水番所（内藤町）で余水を吐き出していた。

渋谷川の一部はビルの地下を流れる

玉川上水の余水は、内藤家屋敷の東側に沿うように南へ流れていく。

現在は暗渠《あんきょ》となって、JR渋谷駅やビルの地下を流れ、駅の南側で線路沿いに設けられている稲《いな》荷《り》橋の下から地上に姿を現す。

その後、田畑や市街地を流れ、江戸湾に入る。渋谷川といえば、童謡『春の小川』の舞台となった川と紹介されるが、正確にいえば支流の宇田川（河骨川《こうほねがわ》）だった。谷底の低地を流れていた水路で、水田の灌漑《かんがい》などに利用された。歌のような、のどかな風景が広がっていた。

●四季の眺めが楽しめる景勝地

渋谷川流域には百姓地《ひゃくしょうち》が多かったが、その一つに渋谷川をはさんで隠田村（渋谷区神宮前《じんぐうまえ》一、四〜六、渋谷）があった。現在、「隠田」という地名はないが、当時は広い地域だった。『新編武蔵風土記稿《しんぺんむさしふどきこう》』は、つぎのように書いている。

「東は青山原宿町《あおやまはらじゅくまち》、同善光寺《ぜんこうじ》門前（青山百人町《ひゃくにんまち》、港区北青山三）、西は上渋谷村、南は渋谷宮益町《みやますまち》（渋谷区渋谷一〜三）、北は原宿村（渋谷区神宮前一〜四、千駄ヶ谷二〜三、港区北青山二〜三）なり」

住民のほとんどが農家で、田畑の多い地域である。百姓地のなかを流れる渋谷川には滝があったし、水車小屋も目立つ。植木屋も多く、のどかな田園地域だった。

それにしても「隠田」とは珍しい。じつはその名の通り、「隠し田《かくしだ》」にちなむ。このあたりには、課役を免れるために申告しなかった田畑が多かったらしい。そこから生じた地名と考えられている。

また、小田原北条《おだわらほうじょう》家の家臣で恩田《おんでん》という人物が住んでいたからとか、関東管領上杉定正《かんとうかんれいうえすぎさだまさ》の家臣恩田五郎右衛門《ごろうえもん》が隠棲《いんせい》し、それ以降、子孫が農民となって住みつづけたことによる、などの説もあるが、定かではない。

このあたり百姓地が多いとはいえ、武家地がまったくなかったわけではない。家康《いえやす》が入国した翌年、天正十九年（一五九一）には江戸城西南の守りのため、伊賀者《いがもの》を住まわせていた。その後、文政年間（一八一八〜二九）には小普請組《こぶしんぐみ》、御手先組《おてさきぐみ》などの組屋敷もつくられた。

●広重も描いた古川（渋谷川）の流れ

広重《ひろしげ》の『名所江戸百景《めいしょえどひゃっけい》』の一枚に「広尾《ひろお》ふる川」と題する絵がある。「ふる川」は「古川」で、渋谷川の下流の呼び名だ。

この川は、絵の右上方から蛇行して流れ、左下へ至るが、手前に橋が架けられており、その上をゆく旅人の姿も見える。

川は低いところを流れていたらしく、橋の両側には石をしっかりと積み重ねた土台が築かれ、その上から木製の橋を渡してある。むろん、橋の支柱も立派なものだ。

絵の左側、橋詰《はしづめ》は少し広くなっていて、葦簀《よしず》張りの茶店もあるから旅人は休憩をとることもできた。道路に出ると、家並がある。

いまの渋谷川は、暗渠になっているところが少なくないが、江戸時代には暗渠にする必要はない。田畑がつづくなかを、ゆったりと流れていた。現在の地名でいえば、渋谷川は明治通りに沿うように流れ、天現寺《てんげんじ》橋（港区南麻布四）のあたりで古川と名を変え、迂《う》曲《きょく》しながら東京湾へそそぐ。

広尾はいまも広いが、江戸時代にはいまの渋谷区広尾、恵比須《えびす》から港区南麻布あたりまでを称していたようだ。広尾原と呼んでいたが、江戸初期には将軍の鷹狩り場《たかかば》であった。八代将軍吉宗《よしむね》も、この地で鷹狩りに興じた。そうした一方、飛鳥山《あすかやま》（北区王子《おうじ》）のように、庶民が楽しめる場所にしようと試みている。桜や楓《かえで》などの木々を植えさせたのだが、どうしたわけか、そうした木々は育たなかったといわれる。

それでも、やがて鷹狩り場として使われなくなると、野趣《やしゅ》を求めて多くの庶民が訪れるようになった。

江戸時代の広尾は薄が一面に茂る広い野原だった。そのなかを家族連れが、散策しながら草摘みや虫聞きを楽しむ。春には、土筆《つくし》がたくさん出てきたので「土筆ヶ原」とも呼ばれていた。「土筆ヶ原の野遊び」は、江戸庶民の楽しみの一つだった。

夏から秋にかけては、萩《はぎ》などさまざまな草を楽しむことができたし、秋には虫聞きである。季節によって楽しみが変化するのも広尾原の魅力だった。

そうかと思うと、「初秋の名月の晩、広尾原から狸《たぬき》や狐《きつね》が奏でる囃子《はやし》が聞こえてくる」といった伝説もある。

広尾から東へいくと麻布だが、江戸時代の麻布には大名屋敷があったとはいえ、高い崖のある寂しい道が多かった。

●広尾水車とのどかな暮らし

広尾原は広い薄の原野だったが、畑地もあるし、渋谷川にはあちこちに水車が設置され、勢いよくまわっていた。『江戸名所図会《えどめいしょずえ》』に「広尾水車《すいしゃ》」と題する絵があり、渋谷川の力強い流れと、その水力を利用した水車が描かれている。いまの広尾からは想像するのもむずかしい光景だ。

川の上流に堰《せき》が設けられ、そこから引かれた水が藁葺《わらぶ》き小屋の水車をまわす、という仕組みである。精米しているのか、製粉しているのか、よくわからないが、土蔵をもつ屋敷が隣にあるところを見ると、大きな農家であることはわかる。

水車をまわした水流は、橋のあたりで渋谷川に戻っていく。家は玉川家と伝えられ、鷹狩りに訪れた将軍吉宗がこの家で休息したという。

渋谷川には多くの水車が設けられていたが、大きなものでは羽根車の直径が二丈四尺（約七・二メートル）、幅六尺（約一・八メートル）で、杵百本分あったというからおどろくほかない。これだけの水車を動かすほど、豊かな水量があったわけである。

橋には高い欄干《らんかん》がなく、川に落ちたらたいへんだが、渡る人は慣れたものだ。

二人の男が柿《かき》などを棒にたくさん吊るして前後に持ち、歩いているが、そのあとからくる男がなにか滑稽《こっけい》なことをいったのだろう。二人組の後ろの男が振り向き、あとからくる女たちが思わず笑い、袖《そで》で口を押さえている。

橋の反対側には、こちらに向かってくる旅人のほか、橋の途中には川の流れを眺めている親子連れ。子が水面を指差しているので、魚の姿を見つけたのだろうか。

手前の橋の下では、農夫が収穫した芋《いも》を入れた籠《かご》を地面に置き、鍬《くわ》を川の水で洗っている。そばには板を入れた桶《おけ》があるので、芋はこの桶で洗うつもりのようだ。

橋を渡った向こう側には、葦簀《よしず》張《ば》りの茶屋があり、客の姿も見える。茶屋の外では、赤《あか》子《ご》を背負った女が台の上に乗せた饅頭《まんじゅう》を、親子連れを相手に売ろうとしているところだ。

茶屋の庭には梅の木があり、束ねた大根を太い枝に掛けてある。漬物にでもするのだろう。葦簀の屋根からは、旅人に売る草鞋《わらじ》をぶらさげてある。

広尾原にも渋谷川沿いには、集落ができ、人びとの暮らしがあった。それは、江戸市中とは異なる、のどかな暮らしだった。

ものだった。

●船が往来した麻布十番

江戸時代の川は、その多くが舟運に利用されていた。川は、いまのハイウェーのようなものだった。

古川（渋谷川の下流）もその役割を果たしていた。舟運を円滑にするため、寛文七年（一六六七）と延宝三年（一六七五）に浚渫《しゅんせつ》や拡幅工事をおこなっている。

さらに元禄十一年（一六九八）、それまで舟運が不可能だった一ノ橋《いちのはし》（港区三田《みた》一丁目の北西端）から上流について、水路を変更するため新たに堀を開削した。開削工事は、翌年八月に完成。舟運は、いまの麻布十番《あざぶじゅうばん》のあたりまで可能になった。

新しい水路を「新堀《しんぼり》」といい、その下流を「赤羽川《あかばねがわ》」と称した。むろん、古川の名も併用された。橋を「一ノ橋」と称したのは、新堀の一番目の橋だったからだという。

ちなみに「麻布十番」という地名は、幕府が延宝三年、古川の改修工事をしたとき、十番目の工区だったことに由来する。

また、元禄十一年の工事のときは、麻布十番組の人夫を出したため、「十番」と呼ばれるようになった、ともいわれる。

古川に架かる橋のうち、二ノ橋から三ノ橋のあいだに、古川に沿って「麻布古川町」（港区麻布一〜三）という町があった。

もともと麻布本村《もと》（港区南麻布一〜四、元麻布一〜二）の一部だったが、元禄十一年将軍綱吉の別荘として白金《しろがね》御殿を建設するとき、御用地とされた。このため、三田村（港区三田）の古川沿いに代地があたえられたのである。

本来は、町名を三田古川町とするところだが、麻布から移転したということで、麻布古川町と名づけられた。この地域には、幕臣《ばくしん》の屋敷など武家地が多く、ほかに寺院も目立つ。

麻布本村町は、麻布台地が傾斜して古川に向かう一画にあった。つまり、南面の水辺に下る地形である。人が住み、田畑を耕して作物を育てるには最適の土地だった。そのせいか、麻布のなかでは古くから開けていた。

享保十七年（一七三二）には、麻布十番に馬場《ばば》（十番馬場と称した）ができ、馬市が立つほどだった。いまはおしゃれなレストランや店が並んでおり、江戸時代のそうした光景を想像するのはむずかしい。

第七章

目黒川の楽しみ

●名物のタケノコを育てた豊かな水

いまでも目黒川は東京の世田谷区、目黒区、品川区《しながわ》を流れているが、江戸時代、目黒といえば、野菜の生産地として知られ、なかでもタケノコの栽培が有名だった。

寛政五年（一七九三）、薩摩《さつま》から取り寄せた孟宗竹《もうそうだけ》を目黒一帯に植えたのがはじまり。その後、栽培法が改良され、やわらかくて滋味豊かなタケノコができるようになった。目黒不動《ふどう》門前の茶屋で「目黒のタケノコ」と名づけてタケノコ飯を出し、春の名物と評判になった。

タケノコが目黒名物として人気を呼んだのも、目黒川の豊かな水に恵まれていたからだった。目黒川の沿岸には農家が多く、のどかな田園風景が広がっていた。

目黒川界隈《かいわい》で江戸庶民に「見晴らしがよい」と人気を集めていたのは、「千代ヶ埼《ちよがさき》」（目黒区三田二、目黒一）という台地だった。

西側の崖下には目黒川が流れ、その先には田畑が広々とつづく。はるか向こうには、富士の壮大な姿がある。さらに東へ目を向けると、品川の海を望むことができた。

当時、千代ヶ埼には、島原藩《しまばら》（長崎県島原市）主松平主殿頭《まつだいらとものかみ》の下屋敷があり、とくに庭のなかにある「千代ヶ池」が評判だった。池の大きさは、長さ一町余（約百十メートル）、幅二十数間（約四十五メートル）だったという。

谷地には三田用水の水を引いていたが、その流れが三段の滝となって池に落ちていたし、湧き水もある。周辺には松や桜が植えられ、情緒豊かな光景をつくり出していた。

三田用水は当初、下北沢村で玉川上水の水を分水し、上水として利用していた。だが、享保七年（一七二二）、上水としての使用が禁止になり、その後は農業用水などに使われたのである。

広重は『名所江戸百景』のなかに「目黒千代ヶ池」と題して、その美しい景観を描いた。

ところで「千代ヶ池」という名には、悲劇が秘められている。

南北朝時代のことだが、南朝方についていた新田義興《にったよしおき》（義貞《よしさだ》の子）は一時、鎌倉を占拠したが、やがて戦に敗れ、越後《えちご》に逃れていた。

しかし、正平十三年・延文三年（一三五八）四月三十日、足利尊氏《あしかがたかうじ》が病死したのを機に、義興はふたたび鎌倉を攻略しようとした。

やがて十月十日、義興は関東に進入したものの、江戸高良《えどたかよし》の陰謀に引っかかる。六郷川《ろくごう》（多摩川の下流）の矢口《やぐち》の渡し（大田区矢口三）で、底に穴を開けられた舟に乗せられる。義興は舟が沈みかかったところで高良に謀《はか》られたことを悟《さと》り、自害《じがい》して果てた。二十八歳の若さである。

妻の千代は義興の死を知り、深く悲しみ、この池に身を投じて死んだ。このことから「千代ヶ池」と呼び、台地が池に突き出ているあたりを「千代ヶ埼」というようになった、と伝えられる。

『江戸名所図会』に「千代ヶ埼」と題する絵があるが、絵の左側は、突き出たような小高いところに筵《むしろ》をひろげ、男たちがあたりの風景を眺めながら、酒や肴《さかな》を楽しんでいる。そばには枝を広げる大きな松。根もとのあたりで、従者たちが重詰めの料理を取りわけているところだ。

右手には黒衣の男と若者が登っている。高台からは向こうに田畑が広がり、その先に目黒川の流れが見える。展望のよい場所だった。

●沿岸につくられた元富士と新富士

目黒川の沿岸には、二つの富士があった。これは富士塚《づか》と呼ばれた人工の小さな富士山だった。

江戸庶民は富士山が大好きだったが、だれもが容易に登れるわけではない。相当な体力が必要だし、とくに冬は雪に覆われるからいっそう困難になる。

そこで江戸中期から後期にかけて、富士山に似せた築山《つきやま》をつくり、これを富士塚と称して登山することが盛んになった。

富士山の山開きは六月一日だが、江戸の各所につくられた富士塚には、夜が明けないうちから白装束《しろしょうぞく》を身につけた人びとが集まってくる。

こうして富士塚に登り、本物の富士山に登ったことにしたのである。

当時の江戸には、美しい富士山を眺めることができた町は多い。だから人びとは、朝目覚めると、日の出に手を合わせ、富士山を拝む。家内安全《かないあんぜん》、無病息災《むびょうそくさい》を祈ったが、それは目に見えない大きな自然の力を畏敬《いけい》するという素朴な信仰心だった。

富士塚の一つは「元富士」(目黒区上目黒一)と称したが、この山裾《やますそ》には大きな縁台があり、遊客たちがその上でくつろぐことができた。桜の季節には花が満開で美しい。はるか西方には本物の富士が見える。高台の下には目黒川の流れがあり、いかにものんびりとした風景に、気持ちもなごむ。

現在の地名でいうと、山手通りから北へ進み、目黒川に架かる宿山《やどやま》橋を渡り、目切《めきり》坂を登る途中、右側にあった。いまは、東急東横線中目黒駅が近いせいか、マンションが建っていて、江戸時代にはここに富士塚があったなど思いもおよばないだろう。

●風光明媚な「新富士」

もう一つの富士塚は「新富士」（中目黒二）といって、「元富士」と区別されている。新富士も崖の下を目黒川が流れるという風光明媚《ふうこうめいび》な場所だった。目を上げて西を見ると、やはり本物の富士を望むことができた。

新富士は文政二年（一八一九）、北方探検家近藤重蔵《こんどうじゅうぞう》が鎗《やり》ヶ埼《さき》の別邸に築いたもので、「近藤富士」とも呼ばれた。六月一日の山開きには多くの人びとで賑わい、江戸名物の一つになった。

いまは、山が崩されて跡形もなく、跡地にはマンションが建つ。

現在の地名でいうと、目黒川の東側、中目黒一丁目から上目黒一丁目、青葉台《あおばだい》一丁目につづく台地は、急な傾斜地が長くつづく。その地形が鎗の穂のように突き出ているとして「鎗ヶ埼」の俗称が生じた。鎗ヶ埼の名称は、交通信号に残っている。

●江戸は豊かな水の都

江戸には多くの川があり、滝もあって、あちこちで野趣《やしゅ》に富む趣を味わうことができた。海辺の光景も、いまのようにコンクリートの護岸がつらなる海岸と異なり、自然のままだから味わい深い。しかし、これは現代人の感覚であって、江戸の人びとにしてみれば、水害が多くて難儀をする、といいたくなることだろう。江戸後期の浮世絵師、鍬形蕙斎《くわがたけいさい》が描いた『江戸一目図屏風《えどひとめずびょうぶ》』を見ると、江戸は豊かな緑と水の都市だったことがよくわかる。この絵は、現在の江戸川区一之江《いちのえ》あたりの上空から江戸を俯瞰《ふかん》した絵図である。飛行機もドローンもない江戸時代で、視点を上空に移し、一目で江戸を見たらどうなるか、と思いをめぐらせ、懸命に描いた。

日本橋、両国橋のあたりは、多くの舟が川面を往来し、賑《にぎ》やかだ。橋の上には人の姿も多い。江戸の活気が伝わってくるようだ。その一方、樹木も多く、水の豊かさも、それゆえに納得できる。いまの東京にも、そうした自然豊かな都市にという声が高まっている。

青春新書
INTELLIGENCE

こころ涌き立つ「知」の冒険

いまを生きる

〝青春新書〟は昭和三一年に——若い日に常にあなたの心の友として、その糧となり実になる多様な知恵が、生きる指標として勇気と力になり、すぐに役立つ——をモットーに創刊された。

そして昭和三八年、新しい時代の気運の中で、新書〝プレイブックス〟にその役目のバトンを渡した。「人生を自由自在に活動《プレイ》する」のキャッチコピーのもと——すべてのうっ積を吹きとばし、自由闊達な活動力を培養し、勇気と自信を生み出す最も楽しいシリーズ——となった。

いまや、私たちはバブル経済崩壊後の混沌とした価値観のただ中にいる。その価値観は常に未曾有の変貌を見せ、社会は少子高齢化し、地球規模の環境問題等は解決の兆しを見せない。私たちはあらゆる不安と懐疑に対峙している。

本シリーズ〝青春新書インテリジェンス〟はまさに、この時代の欲求によってプレイブックスから分化・刊行された。それは即ち、「心の中に自らの青春の輝きを失わない旺盛な知力、活力への欲求」に他ならない。応えるべきキャッチコピーは「こころ涌き立つ〝知〟の冒険」である。

予測のつかない時代にあって、一人ひとりの足元を照らし出すシリーズでありたいと願う。青春出版社は本年創業五〇周年を迎えた。これはひとえに長年に亘る多くの読者の熱いご支持の賜物である。社員一同深く感謝し、より一層世の中に希望と勇気の明るい光を放つ書籍を出版すべく、鋭意志すものである。

平成一七年　　刊行者　小澤源太郎

著者紹介

中江克己（なかえ かつみ）

函館市生まれ。編集者を経て現在は歴史作家。歴史の意外な側面や人物のもう一つの顔に焦点を当て、執筆を続けている。著書に『江戸東京の地名散歩』（ベスト新書）、『図説 見取り図でわかる！江戸の暮らし』『図説 江戸城の見取り図』『江戸三〇〇年 あの大名たちの顚末』『江戸っ子はなぜこんなに遊び上手なのか』『西郷どんと篤姫』（いずれも小社刊）など多数。

江戸《えど》の「水路《すいろ》」でたどる！

水《みず》の都《みやこ》 東京《とうきょう》の歴史散歩《れきしさんぽ》

青春新書 INTELLIGENCE

2018年11月15日 第1刷

著者 中《なか》江《え》克《かつ》己《み》

発行者 小澤源太郎

責任編集 株式会社プライム涌光

電話 編集部 03(3203)2850

発行所 東京都新宿区若松町12番1号 〒162-0056 株式会社青春出版社

電話 営業部 03(3207)1916 振替番号 00190-7-98602

印刷・大日本印刷 製本・ナショナル製本

ISBN978-4-413-04556-8

こころ涌き立つ「知」の冒険！

青春新書
INTELLIGENCE

図説 一度は訪ねておきたい！日本の七宗と総本山・大本山	永田美穂〔監修〕	PI・530
世界一美味しいご飯をわが家で炊く	柳原尚之	PI・531
経済で謎を解く 関ヶ原の戦い	武田知弘	PI・532
病気知らずの体をつくる 粗食のチカラ	幕内秀夫	PI・533
運を開く 神社のしきたり	三橋 建	PI・534
究極の野村メソッド 番狂わせの起こし方	野村克也	PI・535
岡本太郎は何を考えていたのか 「太陽の塔」新発見！	平野暁臣	PI・536
図説 あらすじと地図で面白いほどわかる！源氏物語	竹内正彦〔監修〕	PI・537
定年前後の「やってはいけない」	郡山史郎	PI・538
人間関係で消耗しない心理学 怒ることで優位に立ちたがる人	加藤諦三	PI・539
被害者のふりをせずにはいられない人	片田珠美	PI・540
歴史の生かし方	童門冬二	PI・541
「子どもの発達障害」に薬はいらない	井原 裕	PI・542
「腸の老化」を止める食事術	松生恒夫	PI・543
中学の単語ですぐに話せる！英会話1000フレーズ	デイビッド・セイン	PI・544
最新栄養医学でわかった！ボケない人の最強の食事術	今野裕之	PI・545
キャッスレスで得する！お金の新常識	岩田昭男	PI・546
2025年のブロックチェーン革命	水野 操	PI・547
図説 『日本書紀』と『宋書』で読み解く！謎の四世紀と倭の五王	瀧音能之〔監修〕	PI・548
やってはいけない「長男」の相続 日本一相続を見てきてわかった円満解決の秘策	税理士法人レガシィ	PI・549
AI時代に「頭がいい」とはどういうことか	米山公啓	PI・550
最新脳科学でついに出た結論「本の読み方」で学力は決まる	川島隆太〔監修〕 松崎泰・榊浩平〔著〕	PI・551
寝たきりを防ぐ「栄養整形医学」骨と筋肉が若返る食べ方	大友通明	PI・552
※以下続刊		

お願い ページわりの関係からここでは一部の既刊本しか掲載してありません。折り込みの出版案内もご参考にご覧ください。